扬州园林

研究·实践·欣赏 丛论

梁宝富 著

中国建材工业出版社

图书在版编目（CIP）数据

扬州园林 ：研究·实践·欣赏丛论 / 梁宝富著. --
北京 ：中国建材工业出版社，2019.1
ISBN 978-7-5160-2484-3

Ⅰ. ①扬… Ⅱ. ①梁… Ⅲ. ①古典园林－园林艺术－
研究－扬州 Ⅳ. ① TU986.625.33

中国版本图书馆 CIP 数据核字（2019）第 002125 号

扬州园林 研究·实践·欣赏 丛论
梁宝富 著

出版发行：中国建材工业出版社
地　　址：北京市海淀区三里河路 1 号
邮政编码：100044
经　　销：全国各地新华书店
印　　刷：北京天恒嘉业印刷有限公司
开　　本：787mm×1092mm 1/16
印　　张：12.5
字　　数：180 千字
版　　次：2019 年 1 月第 1 版
印　　次：2019 年 1 月第 1 次
定　　价：128.00 元

本社网址：www.jccbs.com，微信公众号：zgjcgycbs
请选用正版图书，采购、销售盗版图书属违法行为

举报信箱：zhangjie@tiantailaw.com　举报电话：(010) 68343948
本书如有印装质量问题，由我社市场营销部负责调换，联系电话：(010) 88386906

瘦西湖

瘦西湖位于扬州明清古城西北部，是由隋、唐、五代、宋、元、明、清等不同时代的城壕连缀而成的带状景观，清代康乾时期已形成基本的风景格局，有“一路楼台直到山”之誉。其风格有“南方之秀，北方之雄”的特征，独特之风是中国园林中集景式园林的典范。

卷石洞天

卷石洞天位于扬州明清古城新北门桥的北侧，是蜀冈著名的二十四景之一，此景以精巧的叠石取胜，假山具有“中空外奇，小石拼镶”的特征。

汪氏小苑

汪氏小苑位于扬州东圈门地官第14号，民国年间所建，是扬州保存最为完整的一处带有庭院的大型住宅。宅分三路、三进、四园，是全国文物保护单位。四园各具不同景色，特别是后部两园间用花墙间隔，月门望隔园景色，幽深清灵，发挥了“借景”作用，该园具有“多园景变”的特色。

逸圃

逸圃位于扬州市东关街356号，系民国初年钱业经纪人李鹤生所筑，是全国重点文物保护单位，逸圃有园、山、门、雕四大妙笔，特别是数十米的贴壁假山上建有五角亭，仿佛“飘”在空中，具有“绝处逢生”的造园特征。

史公祠

史公祠位于扬州市区丰乐上街9号，扬州梅花岭畔，为纪念民族英雄史可法而建，国家重点文物保护单位，墓后为梅花岭，因岭上遍植梅花而得名。其园营造运用远近取景的手法，将园门中构成园外近与园内远的不同景色，起到了引人入胜和移步换景的效果，具有“步移景换”的造园特征。

二分明月楼

扬州二分明月楼位于广陵路南中段，以著名诗句“天下三分明月夜，二分无赖是扬州”而得名，建于清代中叶，登其阁可观月，又可看东升西落之景色，曾为“旱园水做”的造园典范。

琼花观

琼花观位于文昌中路360号，旧称“蕃釐观”。相传隋炀帝也曾专程下扬州琼花观，宋朝欧阳修做扬州太守时，又在花旁建“无双亭”，以示天下无双。无双亭为目前扬州唯一的宋代木构建筑，以“宋亭观花”迎接中外游人。

扬州八怪纪念馆

扬州八怪纪念馆位于城区驼岭巷18号，旧址为“四方寺”，大殿构架为明代的楠木大殿，梁枋施彩绘，为扬州地区少见，以“明构高古”而得名。

序一

中国工程院院士、北京林业大学教授　孟兆祯　题

序二

一个园林企业家的觉醒与进步

扬州园林已有两千多年的历史。赞美扬州的诗句很多，譬如“故人西辞黄鹤楼，烟花三月下扬州”“江南园林甲天下，二分明月在扬州”“杭州以湖山胜，苏州以市肆胜，扬州以园亭胜，三者鼎峙，不分轩轾”。可见扬州对于国人，对于园林人都是十分重要的。

我有幸在1963年聆听过同济大学陈从周教授专门讲述扬州园林。他是研究扬州园林的大学问家，应陈俊愉院士（著名园林教授）之邀，来北京林业大学讲学。当时我如饥似渴地听讲，这些可以当年的详细笔记为证。这段学术灌输，我至今记忆犹新，甚至可以说受用一生。1976年，我终于在考察济、青、沪、杭、宁、苏、锡、常、润之后，第一次来到扬州。比较完整地考察了瘦西湖、个园、何园（寄啸山庄）、平山堂大明寺等，把这些园林经典拍下来并用心铭记。这之后我大约不止十次到过扬州，又考察了二十四桥、片石山房、石壁流淙等。我和所有人一样，都是聆听着扬州前进的脚步声，见证着扬州的发展。当然不仅是传统园林的保护修缮和扩建，整个城市的发展，包括城市交通、现代园林等，不仅踏上了快车道，扬州人的气质和风貌变化都是深切的。当我听到《拔根芦柴花》的铿锵旋律，脑海里顿时浮现出对苏北包括扬州劳动妇女的深刻印象。扬州，一座古老而年轻的城市，甚至它的民居建筑中著名的三雕（木雕、石雕、砖雕）也是那么令人难忘。

您知道吗？世界第一部造园名著——明代大学问家计成先生的《园冶》，就成书于扬州，这本书简直是园林人心中的《圣经》(尽管还有人说他长期居住在镇江)。北京园林人在修建华夏名亭园时首先想到的也是坐落在扬州的“吹台”。扬州对园林人真的很重要。

眼下，我书桌上放着这本由扬州意匠轩园林古建筑营造股份有限公司董事长梁宝富先生编写的《扬州园林》，引起了我的特别关注。它是汇集了十余篇专门介绍“扬派”传统园林和技艺的书，全面且有新意。它不仅梳理了扬州园林的主要内容，还在学习和总结前人经验的基础上，突出了扬州园林的特色和个性、文脉和风格的形成与演变，颇显旧典与新潮。这是一个年轻的企业家的学习札记，很棒。我顿时感到改革开放四十年不仅是园林建设的辉煌时期，同时也造就了一批继承传统创新未来的新园林人，尤其是园林企业家。其中的史料、图纸和照片，是存史留志的学习资料。书中还对叠石理水、甚至植物配置作了表述。一经汇集成章，内容清晰，浸透着作者的汗水，难能可贵。

当今园林承载着构建和谐宜居城市和生态修复的重任，再次担当改革开放再出发的历史使命。园林企业家不仅要继承优秀传统，还要争创一流经典园林产品，实践现代企业制度，走质量、经典和品牌之路。在继承传统的同时，以精湛的科技和人才优势，争取笑到最后。从这一点出发，梁宝富先生敏锐地看到企业家首先要做学习的带头人。从这本书我们是否可以看到一个企业家觉醒的信号：企业家自身学术的进步才能带动整个企业的进步，企业家自身受到社会的尊重，才能让企业走向领先。

国务院参事、中国风景园林学会原副理事长 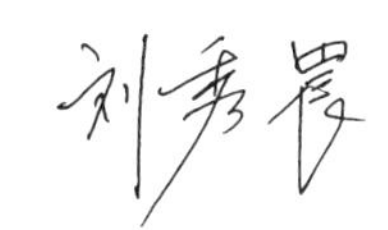

序三

匠心逐梦

——梁宝富《扬州园林　研究·实践·欣赏　丛论》序

扬州园林甲天下[1]。

记载、推介、研究扬州园林的图书，不知凡几。古有李斗《扬州画舫录》、程梦星《扬州名园记》《平山堂小志》、汪应庚《平山堂志》、赵之壁《平山堂图志》、钱泳《履园丛话》、骆在田《扬州名胜园》、王振世《扬州览胜录》、董玉书《芜城怀旧录》、卢雅雨《虹桥揽胜图》及《南巡盛典》《江南胜迹》《行宫图说》等。今有陈从周《扬州园林》《说园》《陈从周园林随笔》，朱江《扬州园林品赏录》，扬州博物馆《扬州园林甲天下》，许少飞《扬州文化丛书·扬州园林》等，园林、旅游部门和各景点所编著的各类园林图书更不胜枚举。

在众多介绍扬州园林的图书中，梁宝富的《扬州园林　研究·实践·欣赏　丛论》自有其特色在。

其特色首先在于他的身份特殊，集工匠、建筑企业家、古建园林研究者于一身。他出生于工匠世家，接受过土木、园林、管理等专业的系统教育，工匠情结堪深。在繁重的工作之余，他从未放松过学习，在职完成了博士学业。他是有心人，但凡接手的工程，要么不做，做就确保优质，施工期间、竣工之后注意总结提高。多年来，可以说是物质、精神双丰收，所做工

[1] 金安清《水窗春呓》卷下88《维扬胜地》云："扬州园林之胜，甲于天下。"中华书局2012年9月第4次印刷，72页。

程有大明寺大雄宝殿修复、街南书屋复建、吴道台府第芜园遗址建设、何莲舫壶园修缮复原等，均获好评。编撰出版了《扬州大明寺大雄宝殿修缮实录》《借古开今 匠心独运（论文集）》《中国园林古建筑营造与管理》《拙匠营造录（施工卷）》《拙匠营造录（设计卷）》《筑苑·园林读本》等，亦大受欢迎。

由于这一特殊身份，使他在研究、欣赏园林时有着独特的眼光和独到的见解。本书 16 篇文章，大致分为三个方面：一是园林理论的研究，二是园林建造修复的实证剖析，三是名园欣赏与思考。而三个方面又贯穿一条主线，以《园冶》指导扬州园林的研究与实践。

比如说，《扬州园林史述》一文，梁宝富十分注重的是各个时期扬州园林的不同建造特色和风格。他认为，汉代“王国宫苑当是扬州园林的起源”，雷陂“有大雷、小雷之宫，吴王濞游此，尝筑钓台”，“令人遗憾的是，上述宫、台等园林建筑的记载文字太少”。南朝刘宋徐湛之“造园活动中注意了建筑（亭、观、台、室）作为一个造园要素与其他自然要素（陂泽、果竹、花药）之间的协调关系”。“应该说他的造园活动已完全升华到艺术创作的境界。”隋代长春苑之九宫“倚林傍涧，高跨冈阜，随城形置焉”，在总体布局和局部设计处理上，大大超越西汉诸王宫苑。唐代，“官府为公众构筑的游览园，亭台、花木、池沼、鸟兽俱备，可说是动物园与园林一体的公园”。“私家园林的兴起是此时期园林发展的显著标志。”从扬州地方史志记载的资料中，他发现，建于两宋时期的馆阁亭台等建筑，并不是孤立的建筑，而是一座园林的主题。明代，扬州许多园林更讲究整体的规划，建筑、山水、花木的布局。特别是明末计成先后参与了寤园和影园的设计及施工过程，通过寤园的实践，写作了《园冶》这部经典著作，成为扬州园林史上十分灿烂的一页。清代扬州园林在“湖上园林”和“城市山林”两大方面都得到繁荣。这样的叙述条理清晰，给人印象深刻，从而使人由衷地感受到，陈从周先生所说“扬州的园林在我国建筑史上有其重要价值，尤其是古代劳动人民在园林建筑方面的成就，可供现代园林建筑借鉴”，这是不刊之论。

又如，他在《扬州古典园林的特征》中，明确提出从“构造元素”去分析，有环联复道、叠石取胜、清水砖墙、旱园水做、盆景点缀等特征。在《扬州园林古建筑技术与地方做法》中对木架构、对檐口、对“干叠清水乱砖墙”、对萝底砖铺法的介绍不厌其详，不惮其细，反映了一种工匠精神，一丝不苟。《扬州叠石艺术与技术》既讲扬州叠石的艺术特征，又讲技术要领，使人们从中领悟到园林艺术如何通过技术来体现，艺术与技术如何有机地融为一体，园林怎样才能完美地展现在世人面前。《扬州古典园林植物造景特色》对植物如何与建筑、与山石、与水岸配合，以及植物的文化寓意，作了详尽介绍，特别是对扬州园林所植花草树木，一一详列其名，我想，捧读此书者一定会有的感觉就是：示范性强，可操作性强。

作者对《园冶》推崇之至。书中有篇文章专论《〈园冶〉与扬州古典园林》，除了介绍计成营造影园、寤园的实践，介绍《园冶》这部著作，还特别论述了《园冶》对湖上园林、城市山林兴盛的重要指导意义。作者满怀激情地写道：“每一座城市山林的造园技巧或许不同，有的精于建房，有的擅长叠石，有的巧妙理水，有的借植物造景，但指导思想是一致的，造园的规划理念如出一辙。毫不夸张地说，这些名园的主其事者，或者是主人聘请的名流学者，或者园主本人就是这方面的行家里手，他们都是《园冶》的忠实读者，对前辈造园大师计成的学说，佩服得五体投地。造园的一招一式，布局的一丘一壑，唯《园冶》马首是瞻。《园冶》魅力无穷，对扬州后世的造园影响可谓深矣！”

在平日与作者的交流中，他对《园冶》中“能主之人”这个概念感悟最深，体会最切。《园冶》第一篇《兴造论》提出了一个核心问题：

世之兴造，专主鸠匠，独不闻三分匠、七分主人之谚乎？非主人也，能主之人也。古公输巧，陆云精艺，其人岂执斧斤者哉？若匠惟雕镂是巧，排架是精，一架一柱，定不可移，俗以“无窍之人”呼之，其确也。故凡造作，必先相地立基，然后定其间进，量其广狭，随曲合方，是在主者，能妙于得体合宜，未可拘牵。假如基地偏缺，邻嵌何必欲求其齐，其屋架何必拘三、五间，为进多少？半间一广，自然雅称，斯所谓“主人之七分”也[1]。

造园一定要有“能主之人”，既懂行，又做得了主，这样的人主持造园，才能出效果。陈从周先生在《说园（四）》中也明确地表述：“造园之学,主其事者须自出己见,以坚定之立意,出宛转之构思。成者誉之，败者贬之。无我之园,既无生命之园[2]。”梁宝富和他领导下的企业以“能主之人”的身份主持营建、修缮、复原过一些园林和景点，如小玲珑山馆、瘦西湖的石壁流淙、平山堂的小香雪、吴道台芜园、东关街壶园等,这是全书最大的亮点,最值得一读。试以《解读扬州小玲珑山馆》一篇为例。

据《扬州画舫录》记载：马主政曰琯，号嶰谷，祁门诸生，居扬州新城东关街。弟曰璐，字佩兮，号半槎，工诗，与兄齐名，时称“扬州二马”。举博学鸿词不就。佩兮于所居对门筑别墅，曰“街南书屋”，又曰“小玲珑山馆”。有看山楼、红药阶、透风透月两明轩、七峰草堂、清响阁、藤花书屋、丛书楼、觅句廊、浇药井、梅寮诸胜。实际后来马氏中落，园林易主，文物星散，踪迹难觅，连当初的胜景佳名也为他园所袭。东关街——东圈历史街区的修复，提出了复建街南书屋（小玲珑山馆）的任务，梁宝富和他的意匠轩园林古建筑营造股份有限公司承担了这一工程。

他们首先收集资料，最有价值的当数马曰璐的《小玲珑山馆图记》（后称《图记》），明确了大体方位：“所居之街南”“远仅隔街”“东眺蕃鳌观之层楼高耸”“西瞻谢安宅之双桧犹存”“南闻梵觉之晨钟”“北访梅岭之荒戍”。对各景点之布局、功能、构造也有所了解，诸如：“中有楼二：一为看山远瞩之资，登之则对江诸山，约略可数；一为藏书涉猎之所，登之则历代丛书，勘校自娱。有轩二：一曰透风披襟，纳凉

[1] 计成著，陈植注释，杨伯超校订，陈从周校阅《园冶注释》，中国建筑工业出版社，1988 年版，第 47 页。
[2] 陈从周著《陈从周园林随笔》，人民文学出版社，2008 年 1 月版，第 24 页。

处也；一曰透月把酒，顾影处也。一为红药阶，种芍药一畦，附之以浇药井，资灌溉也。一为梅寮，具朱绿数种，媵之以石屋，表洁清也。阁一，曰清响，周栽修竹以承露。庵一，曰藤花，中有老藤，如怪虬。有草亭一，旁列峰石七，各擅其奇，故名之曰七峰草亭。其四隅相通处，绕之以长廊，暇时小步其间，搜索诗肠，从事吟咏者也，因颜之曰觅句廊。”从《图记》中还得知，原拟名“街南书屋”适得太湖巨石，其美秀与真州之美人石相埒,遂定名为小玲珑山馆。又因石身较岑楼尤高，比邻惑风水之说，故未能矗立，只能偃卧。更可惜“有记无图”，图未见流传。还有的一手资料就是众多诗人的咏景诗作。梁宝富要认真领会诗意，从中悟出画意，再还原生成景图，各方认可方能施工，其艰难可知。

在复原设计中，他们按照《图记》和《十二咏》，将看山楼、丛书楼、透风透月轩、红药阶、梅寮石屋、清响阁、藤花庵、七峰草亭、觅句廊、浇药井等构造要素，在天人合一思想指导下，从山水理法入手，进行合理布局。建筑因地制宜，或置于山间，或构于山顶，或筑于池边，参差错落，虚实相间，同时考虑当代的实用功能。全园以水为中心，沿岸植树，水绕石曲，随形依势，以山水作为建筑间的补充，在有限空间内营造更加自然的山林野趣。2013 年建成，得到各界人士的好评，众多文史专家也认为这接近他们心中的小玲珑山馆。此工程获得 2014 年度中国优秀园林工程奖中的金奖。

梁宝富是个有理想、有追求、有抱负的人。从业三十余载，一心致力于中国园林与古建筑、文物保护、风景园林的设计、施工、研究，从预算员、施工员、设计员、项目负责人做起，一路走来，殊为不易，虽佳绩连连，硕果累累，但从不自满。记得第一次见面时，我问及公司名字“意匠轩”的来历，他说，原来叫“艺匠轩”，请罗哲文罗老题名时，罗老劝他改为“意匠轩”，他欣然接受了。一字之改，意味深长。就梁宝富本意言，把每一项工程都当做艺术品来制作已经是一个高标准了。但罗老的意思则是，仅仅停留在艺术层面还不够，要在工程中、园林作品中灌注自己的理念，体现人文精神，这是更高层次或曰最高层次的了。由此可见，罗老对梁宝富寄予了厚望，并为公司题写“华夏古建新秀，江淮营造奇葩”给予鼓励。陈从周在众多文章也述及“意”对“匠”之重要。1991年冬，云南安宁楠园竣工。陈从周自我评说：“纽约的明轩，是有所新意的模仿；豫园东部是有所寓新的续笔，而安宁的楠园，则是平地起家，独自设计的，是我的园林理论的具体体现。”要想达到“意匠”高度，非下一番苦功夫不可。陈从周在《园林清议》一文中告诫说：“不究园史，难以修园，休言造园。而‘意境’二字，得之于学养，中国园林之所以称为文人园，实基于‘文’，文人作品，又包括诗文、词曲、书画、金石、戏曲、文玩等等，甚矣学养之功难言哉。”[1]

就从周先生言，1942年毕业于之江大学文学部，首从诗词大家夏承焘先生学作古诗词，从张大千先生学绘画，以文史学者的身份被陈植先生聘为建筑系副教授。就宝富言，现在称之为“艺匠”当是够格的，而衡之以罗老所期盼的“意匠”则尚需努力。好在正当盛年，好学不倦，竿头日进，逐梦非遥。我们预祝宝富功成名就，成为中国园林与古建之大梁。

扬州市委原常委、宣传部部长 赵昌智

[1] 陈从周著《陈从周园林随笔》，人民文学出版社，2008年1月版，第56页。

目　录 | Contents

01 扬州园林史述 1

02《园冶》与扬州古典园林 10

03 扬州古典园林的特征 21

04 扬州园林古建筑技术与地方做法 28

05 扬州叠石艺术与技术 44

06 扬州园林三雕艺术 52

07 扬州古典园林植物造景特色 60

08 解读扬州小玲珑山馆 68

09 扬州石壁流淙造园艺术 87

10 扬州“小香雪”复原研究 97

11 扬州吴道台芜园遗址景观设计 107

12 扬州壶园复原及修缮研究 115

13 扬州古建筑修缮设计与施工 125

14 扬州大明寺景区保护建设与环境艺术赏析 137

15 扬州名园赏析 146

16 历史园林的保护 157

参考文献 166

后记 169

扬州园林史述

扬州园林在中国造园史上有着独特的历史地位，《扬州画舫录》引刘大观言：“杭州以湖山胜，苏州以市肆胜，扬州以园亭胜，三者鼎峙，不分轩轾，洵至论也。”作为一种文化载体，园林是随着经济与文化环境的变化而产生和发展的。扬州历史上三次兴盛，初盛于汉，复盛于唐，极盛于清。扬州园林的发展与兴盛也大体如此，正是数千年来极其普遍的造园实践，使得扬州的园林艺术日渐成熟。因此，扬州园林以其高度的艺术成就和独特的风格成为我国珍贵的文化遗产（图 1）。

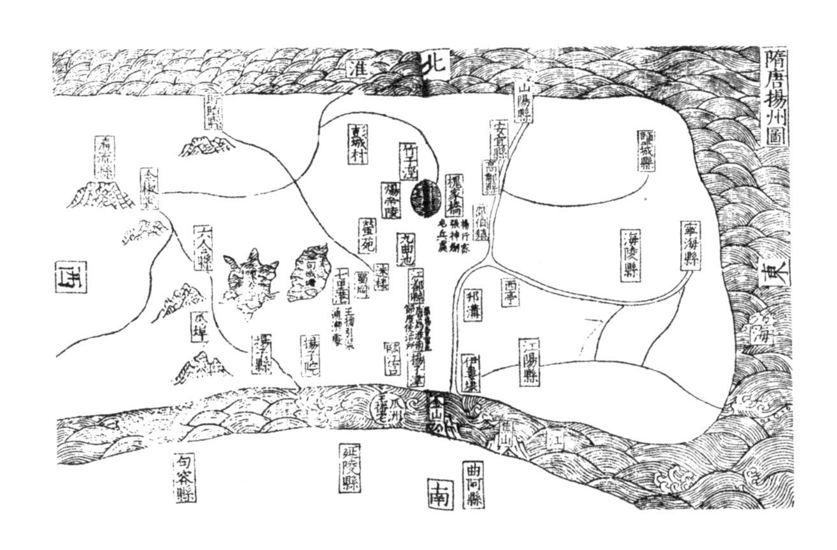

图 1　隋唐扬州图（选自《嘉靖惟扬志》）

扬州园林源远流长，已有两千多年的历史。春秋时代，扬州相继属吴、越、楚，秦统一后，置广陵县，不久隶属九江郡。西汉后，扬州先后作为荆、吴、江都、广陵等封国的都城。这些王国宫苑当是扬州园林的起源。嘉庆《重修扬州府志》引《寰宇记》云，雷陂“有大雷、小雷之宫，吴王濞游此，尝筑钓台”。雍正《扬州府志》引《西征记》：“吴王钓台在雷陂，高二丈。”此外，据《汉书·江都易王非传》记载，

江都国有章台宫，江都王刘建游章台宫时令四女子乘小船，建以足蹈覆其船，四人皆溺，二人死于非命。由此可见，章台宫亦有水池林苑，可供游玩。令人遗憾的是，上述宫、台等园林建筑的记载文字太少，但吴王刘濞在位时期是扬州经济社会的第一个兴盛时期，其宫殿、高台的壮丽宏伟亦不难想象（图 2）。

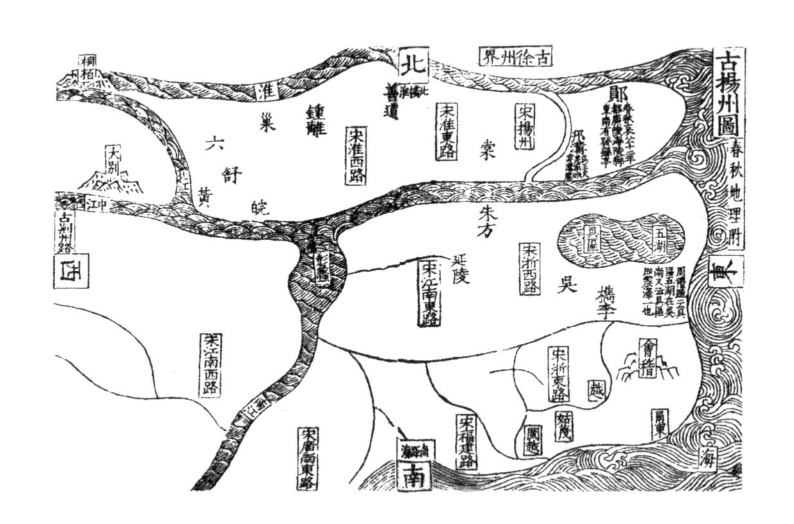

图 2　古扬州图（选自《嘉靖惟扬志》）

魏晋南北朝时期，思想、文化艺术活动十分活跃，也是扬州园林的又一个重要阶段。南朝宋元嘉二十四年（447 年），徐湛之在广陵营造园林。据记载，“广陵城旧有高墙，湛之更加修整，南望钟山。城北有陂泽，水物丰盛。湛之更起风亭、月观、吹台、琴室、果竹繁茂，花药成行。招集文士，尽游玩之适，一时之盛也。”另据《太平寰宇记》，风亭、月观、吹台、琴室皆在蜀冈“宫城东北角池侧”。徐湛之广陵筑园是见于史籍记载的扬州第一次较细致的造园活动，它是一座亭台、山冈、水泽、花木俱备的园林。造园活动中注意了建筑（亭、观、台、室）作为一个造园要素与其他自然要素（陂泽、果竹、花药）之间的协调关系，应该说它的造园活动已完全升华到艺术创作的境界（图 3）。

南北朝时期，扬州还出现了大明寺这样的寺观园林。大明寺创建于南朝大明年间，因此为名。当时“宋主奢欲无度，土木被锦绣，故创建极华美”。因记载有限，我们难窥大明寺园林的详情，但这座建于蜀冈中峰，位于城市中的华美寺庙，不仅是举行宗教活动的场所，还是居民公共活动的中心，寺庙内外必有园林化的环境。

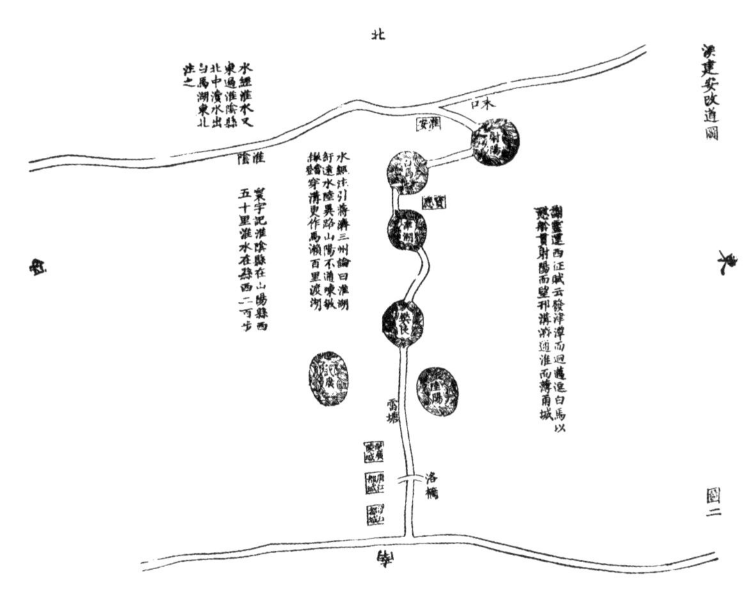

图 3　汉建安改道图

隋代统一中国，开通大运河，沟通南北，扬州成为交通枢纽城市，奠定了扬州繁荣的基础。隋炀帝三下扬州，所建宫苑亦多分布在蜀冈之上，主要有江都宫、显阳宫、显福宫、长阜苑及隋苑等宫苑，构成宏伟壮丽的宫殿建筑群。据《方舆纪要》记载，江都宫城东偏门曰芳林，另有玄武、玄览等门。江都宫内有成象殿及水精殿、流珠堂等建筑。长阜苑位于城北五里，苑内造置九宫，曰归雁、回流、九里、松林、大雷、小雷、春草、九华、光汾，后增枫林，称长阜苑十宫。《太平寰宇记》载："（九宫）依林傍涧，高跨冈阜，随城形置焉，并隋炀帝高也。"另有隋苑，万历《江都县志》载："隋苑，在县北九里大仪乡。亦名上林苑，周围万里。"隋炀帝还令扬州依浙人项升进新宫图营建迷楼。在城北七里蜀冈之麓，建九曲池，其上建木兰亭。除蜀冈外，炀帝在城南临江之扬子津还建有临江宫，亦名扬子宫，宫内有凝晖殿、六珠阁等，宫西有澄月、悬境、青江诸亭。同时扬子津还建有钓台，在茱萸湾建有北宫。这些皇家宫苑，虽然文献记载大多简略，但结合炀帝平生所为，亦不

图 4 隋炀帝的船队在大运河上航行
（18 世纪中国帛画）

难想象其规模宏大，在总体布局和局部设计处理上也必独具匠心，在各方面必大大超越了西汉诸王宫苑，当是扬州园林史上宫苑园林的顶点（图 4）。

唐代扬州交通发达，商业繁荣，成为东南第一都会，有"扬一益二"之称。扬州园林有了较大的发展。首先，寺庙众多，不少寺庙具有园林化的景观，成为人们游玩的常去之处。如禅智寺位于蜀冈高阜之上，本为隋宫中建筑，后改为寺。刘长卿、崔峒、杜牧、赵嘏、罗隐等诗人都曾到禅智寺游玩，并写下诗歌。再如建于刘宋时期，高居蜀冈的大明寺，到了唐代依然是游人喜欢的去处，李白、刘长卿、白居易、刘禹锡等都曾游玩大明寺，并登临栖灵塔。其次，官府园林也很有特色。刘长卿及许浑都有诗描述府衙厅前景色。府衙后的郡圃中有争青馆，种植有大量杏花，时人称郡圃为杏邮或者花邮。还出现了类似今天供市民游玩的公园，据《太平广记》载，唐咸通年间，李蔚守扬州，"于戏马亭西，连玉钩斜置，开剏池沼，构葺亭台。挥斤既毕，号曰赏心。栽培花木，蓄养远方奇禽异畜，毕萃其所。芳春九旬，居人士女得以游观。"这一官府为公众构筑的游览园，亭台、花木、池沼、鸟兽俱备，可以说是动物园与园林为一体的公园。再次，私家园林的兴起是此时期园林发展的显著标志，"园林多是宅"（姚合），唐代扬州见于诗歌及其他文献的私家园林总数达十处以上。这些私家园林主人多为官僚商人，如常氏南部幽居、樱桃园、周氏园等（图 5）。

随着宋初的统一，结束了唐末和五代十国数十年的纷乱，扬州的经济逐渐有了恢复和发展。宋时扬州虽不及唐时繁盛，但经济发展水平比五代时期有了较大的提高，造园活动较多，及至南宋时期，扬州地处宋金交战地带，造园活动远不及北宋时期。两宋时期扬州园林的一个显著特点是，官造园林相比前朝后代格外兴盛，主要有沿用唐代的郡圃，还有欧阳修建“平山堂”以及“万花园”等。私家园林虽然没有唐代“园林多是宅”的盛况，但也屡见文献著录，如满泾所建由申玄、王宾别墅、朱化园、供山亭等皆是宋代扬州私家园林的实例。寺庙园林仍是大众及文人喜爱的游览之地。韩愈、苏轼、秦观等都曾游铁佛寺，从诗中可知铁佛寺有光化塔，秋日菊花黄、萸子红，景色宜人。龙兴寺芍药则闻名遐迩，品类冠绝。王禹偁有《扬州建隆寺碑记》记载寺庙历史，描述建筑、环境。宋庠则有《建隆寺北池亭》诗，描写寺庙风光之好。扬州地方史志中记载了建于两宋时期的馆、阁、亭、台等建筑，其实这些并不是孤立的建筑，而是一座园林的主题，如波光亭即是建于九曲池北，引诸塘之水注九曲池，更增筑风台、月榭寺而对峙，再绕池植柳，成为一时胜观。州外县城园林也有真州东园、丽芳园、高邮文游台、众乐园等（图 6）。

图 5　手绘唐代扬州城（扬州历史文化名城研究院提供）

元代时期，由于扬州的经济文化较唐宋时期有所衰退，官家与私家园林营造不多，是一个造园的低潮期，有影响的唯有瞻云楼、平野轩以及明月楼等（图 7）。

图6 蜀冈平山堂图（选自《【雍正】扬州府志》）

图7 《暖红室汇刻传奇·牡丹厅》版画

明代中后期，扬州盐业兴盛，山西、陕西、安徽等地商人纷纷来扬，形成了盐商阶层，他们对物质生活比较追求质量，使扬州园林出现了一个复兴时期，把扬州园林的历史推进了一个新阶段。城内外有平山别墅、偕乐园、苜蓿园、慈云园、康峰堂、影园、休园、小东园、竹西草堂、乐唐园、皆青堂、王府之宅二亩之间、寤园、棐园、于园等园，大部分为山水园林，均为私家所建。苜蓿园有一园一斋一景的意趣。宋介之《休园记》从山水整体结构及四季景色所呈现出来的艺术角度评论休园，“是园之所以胜，则在随径窈窕，固山行水”，“亦如画法，不馀其旷则不幽，不行其疏则不密，不见其朴则不文也”。明时的扬州许多园林更讲究整体的规划，建筑、山水、花木的布局（图8）。特别是到了明代末年，著名造园家计成先后参与了寤园和影园的设计与施工过程。计成造园要“巧于因借，精在体宜”，达到“虽由人作，宛自天开”的艺术效果，提高了扬州园林的构筑水平。通过寤园的实践总结了《园冶》这部经典著作，成为全世界造园的第一部著作，是扬州园林史上十分灿烂的一页（图9）。

明清鼎革，扬州受到战火影响，造成经济和文化的衰退，但不久得以恢复。清代初期，扬州有王洗马园、卞园、员园、贺园、冶春园、南园、筱园和郑御史园等八大名园。多数前代私家园林于康熙、雍正年间，随着康熙巡幸的路线，已从城里宅园的圈子里，广泛拓展到北部的护城河，形成了当今的瘦西湖景区，初步形成了两岸园林、湖山映带的胜景（图 10）。乾隆年间，扬州园林进入黄金时代，城里城外的园林计有两百多座，出现了空前的盛况，而甲于天下。瘦西湖园林到乾隆三十年已建成二十四景，其后又增竹西芳径等十一景（图 11），呈现出“两岸花柳全依水，一路楼台直到山”的风光景观。至清代中晚期，城里的宅园稍有复苏，个园、棣园（图 12）均为当时著名的私家园林。还有二分明月楼、寄啸山庄、小盘谷、逸圃、壶园和梅花书院、刘庄、意园等园林兴起。在清末民初之际，随着经济的衰落，交通失利，园林的发展日渐走向庭园化，有珍园、蔚圃、汪氏小苑、萃园、怡庐、匏庐以及湖上兴建徐园等（图 13）。

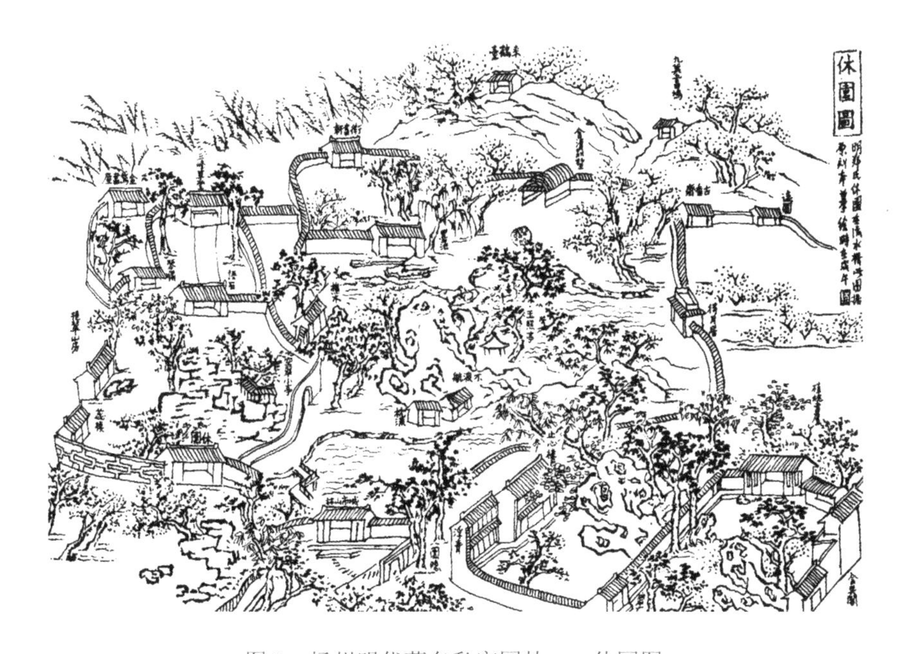

图 8　扬州明代著名私家园林——休园图

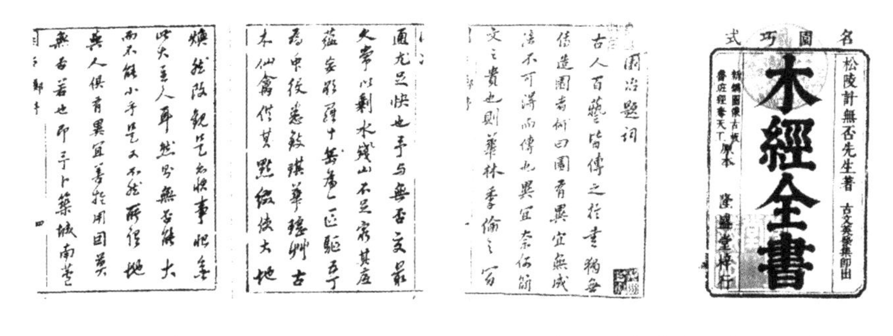

图 9　《园冶》中郑元勋《题词》手书（据日·桥川时雄藏本《木经全书》）

图 10　春雨堂（选自《扬州东园题咏》）

图 11　莲花桥（选自《广陵名胜全图》）

图 12　棣园图

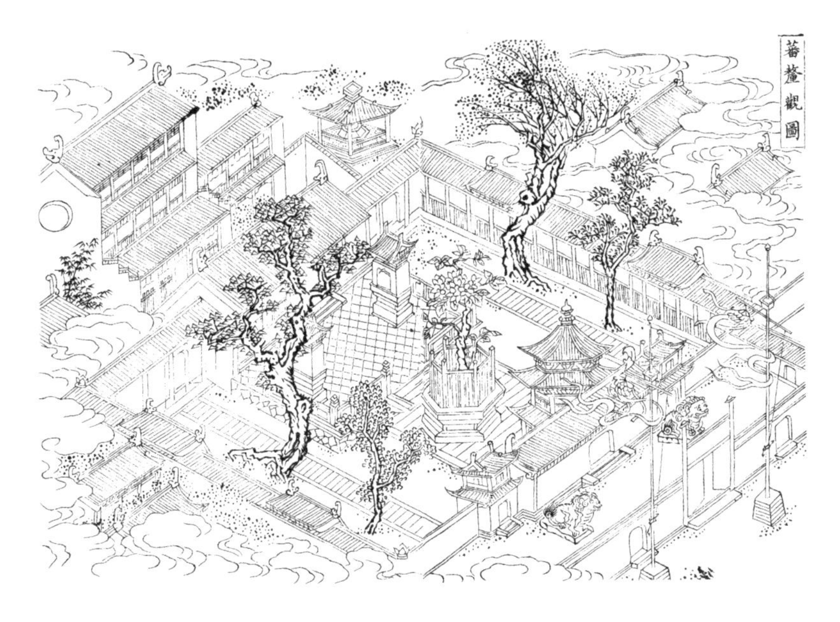

图 13　蕃釐观图（选自《【雍正】江都县志》）

纵观扬州两千多年园林发展史，园林的盛衰都与经济兴衰紧密联系在一起。扬州园林一直都是扬州历史文化名城的重要内涵之一。正如陈从周先生所说：“扬州的园林在我国建筑史上有其重要的价值，尤其是古代劳动人民在园林建筑方面的成就，可供现代园林建筑借鉴。”（图 14）

图 14　瘦西湖

（本文为 2004 年欧洲风景园林协会亚洲年会交流材料）

《园冶》与扬州古典园林

一、引言

（一）关于计成的研究

图 1 计成像
（引自《园冶图说》）

计成，生于明万历十年（1582 年），卒年不详，字无否，号否道人，明末松陵（今江苏吴江）人，能诗善画，中年以后步入造园行业，是明末著名造园家（图 1），著有《园冶》一书。除在《园冶·自序》中有一些自我介绍，“自识”中讲自己有长生、长吉两个儿子外，再无有关他的生平记载。计成的人品与才华，陈植先生的评价是：“故计氏造园意匠之奇，实与摩诘、乐天、云林，同其所向也。计氏以工诗、能文、善画、好游，将文学、美术、游历多家特性，集于一身。摩诘诗中有画、画中有诗，而计氏诗、文、画、园可称四绝。关于造园，所见所作，以其有独具只眼，不同凡响矣。”

（二）《园冶》简介

《园冶》是计成根据其丰富的实践经验，于崇祯七年（1631 年）在扬州仪征寤园写成，是中国造园史上最早、最系统的巨著，也是世界造园学上最早的名著。它是一部从规划设计到施工以及从结构构架到细部处理论述比较全面的、操作性较强的园林营造专著。《园冶》共三卷（图 2），其中包括“兴造论”和“园说”两部分。前者为造园理论的归纳，后者论述造园设计的具体内容及相关步骤。“园说”之后又分相地、立基、屋宇、装折、门窗、墙垣、铺地、掇山、选石、借景十个部分，全面而系统地阐述了造园理念与技法，总结出“巧于因借，精在体宜”的造园基本原则，“虽由人作，宛自天开”的造园理想。陈从周先生认为可以把《园冶》当成优美的园林小品文来把玩。

图 2 《园冶注释》封面
（引自陈植《园冶注释》封面）

据计成在《园冶·自序》中记载，第一次造园活动是为一名镇江人叠了一座峭壁山，看到的人都赞不绝口，自此他的叠山闻名大江南北。他先后于 1623 年为晋陵（今常州）方伯吴又于建东第园，1631 年建成銮江（扬州仪征）汪士衡中翰寤园，1632 年为阮大铖营造怀宁（今安庆）石巢园，1634—1635 年主持改造郑元勋的扬州影园，影园更是计成的著名代表作。

（三）计成与扬州

计成与扬州的渊源很深，中年之后，他长期居住在与扬州一江之隔的镇江，由此被请到扬州仪征建造寤园。正是利用寤园建成之后、影园动工之前的空隙时间，他在寤园的扈冶堂写作完成了图文并茂的《园冶》。从文中的术语来看，不少都是现在扬州匠人的行家，与苏南有一定的区别，如“漏砖墙”“装修”“几架梁”“柁梁”“长格子”“破花”等，都是扬州匠人的常用语。可以这样说，《园冶》是寤园造园过程的经验总结，也是影园建造的理论指导。尽管这两座扬州园林，已随历史的烟云而消逝，但是计成《园冶》的问世以及寤园和影园的营造纪实，对后来清代扬州园林大规模的兴造，有着很大的影响（图 3）。基于此，笔者从《园冶》造园的理论出发，对扬州古典园林的兴造加以分析，以期有所收获。

图 3 扬州城标五亭桥

二、影园营造是清代扬州园林营造的范本

扬州影园是计成完成了《园冶》写作之后最重要的一次造园实践，具有很深的历史影响。首先从影园史实加以分析：

（一）计成与影园

影园的主人郑元勋与计成是好朋友。影园建成后，郑元勋为《园冶》补写题词。郑元勋（1598—1645 年），明代画家，江都（今扬州）人，字超宗，号惠东，崇祯十六年（1643 年）进士，官至职方司主事，工诗善画，尤工山水小景。崇祯十年（1637 年），郑元勋在扬州城外西南端修建自己的家园。郑元勋在《影园自记》中说："吾友计无否，善解人意，意之所向，指挥匠石，百无一失，故无毁画之恨。"由此可见，计成在造园艺术上起了主导作用。影园又有明末董其昌泼墨挥毫题写"影园"匾额。据明茅元仪《影园记》记述，董元宰言之曰"影园，以柳影、水影、山影，足以表其胜"，并广为流传；园内曾因黄牡丹盛开而轰动一时。郑元勋多次邀客至园中题咏，且编辑成《影园瑶华集》和《影园诗稿》，留下关于影园的文献较多，使影园名扬四海，被公认为江南第一名园。诗人叹曰："广陵绝胜知何处，不说迷楼说影园。"

（二）影园的选址分析

据《扬州画舫录》卷八开篇记载："影园在湖中长屿上，古渡禅林之右，宝蕊楼之左。前后夹水，隔水蜀冈，蜿蜒起伏，尽作山势（图 4、图 5）。柳荷千顷，萑苇生之。园户东向，隔水南城脚岸，皆植桃柳，以呼为'小桃源'。"这里是一处计成《园冶·相地》中所说"江湖地"，"江干湖畔，深柳疏芦之际，略成小筑，足征大观也"。郑元勋《影园自记》说："升高处望之，迷楼、平山皆在项臂，江南诸山，历历青来。"说明影园运用了借景手法将四周的美景纳入园中。明末影园建成，成为清康熙年间扬州八大名园，对后来的扬州湖上园林影响很大。清代，沿影园所在的护城河北段的蜀冈湖泊两岸出现的"二十四景"，成为集锦式的湖上园林。卢雅雨的《虹桥览胜图》写出了扬州园林的“十里春风景物稠”的景象。

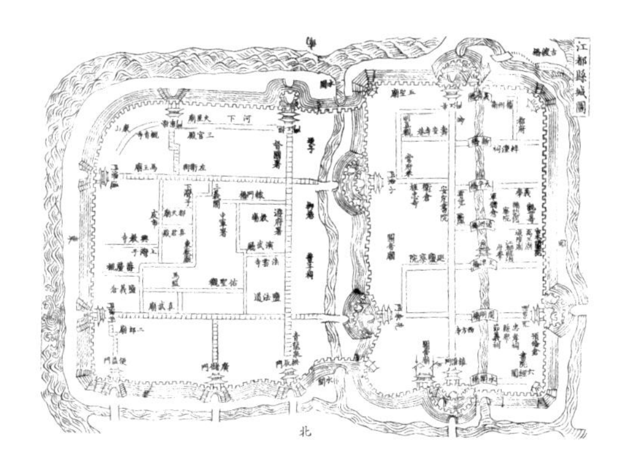

图4 江都县城图（扬州市）
（选自《【雍正】江都县志》）

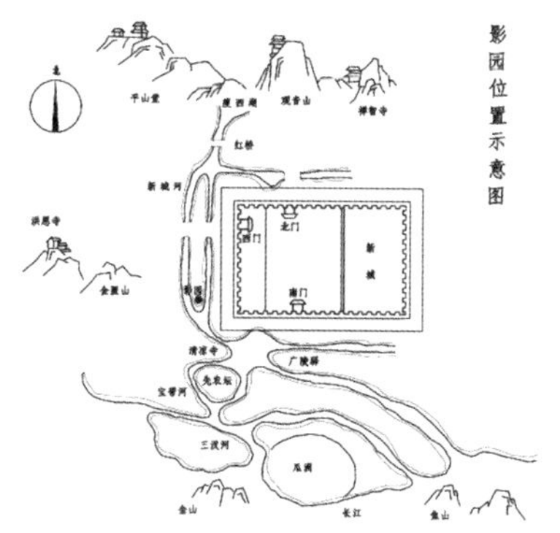

图5 影园区位图

（三）影园的总体布局分析

从明郑元勋《影园自记》、明茅元仪《影园记》、清李斗《扬州画舫录》、清王振世《扬州览胜录》对影园的记述，可以清晰地看出当时的造园手法和造园技法与《园冶》理论相符。郑元勋《影园自记》说“大抵地方广不过数亩，而无易尽之患”，实际上是以少胜多、以简胜繁的体现。郑元勋《园冶·题词》说“所谓地与人俱有异宜，善于用因，莫无否若也”，表明影园的整体规划体现“巧于因借”。郑元勋《影园自记》说“一花、一竹、一石，皆适其宜，审度再之，不宜，虽美必齐”，体现了“精在体宜”。又说“出径不上下穿，而可坦出，皆若自然，幽折不见人工”。明刘侗作《影园自记跋》说“见所作者卜筑自然，因地因水，因石因木，即事其间，如照生影，厥惟天哉”，体现了“虽由人作，宛自天开”的艺术效果。郑元勋《影园自记》说“庭前选石之透、瘦、秀者，高下散布，不落常格，而有画理。室隅作两岩，岩上多植桂，缭枝连卷，溪谷崭岩，似小山招隐处”，与《园冶·掇山》所说的“瘦漏生奇，玲珑安巧”、“蹊径盘且长，峰峦秀而古，多方景胜，咫尺山林”的审美观相一致（图6）。正如清李斗《扬州画舫录》卷二云“扬州以名园胜，名园为叠石胜”，为影园在扬州园林中的地位奠定了基础。陈从周在《园

图6　影园鸟瞰图（引自吴肇钊著《夺天工》）

韵》中说："叠石重拙难，古朴之峰尤难，森严石壁，亦非易致。而石矶、步石及点缀散石，正如云林小品，其不经意处，亦即全神贯注之地，非用极大功力，深入思考，对全局作彻底之分析解剖，然后以轻灵之笔得画龙点睛之妙。"这一段话总结描述了影园的石景。总之，影园庭园布局深深地影响着扬州，以有限的空间成无限的景色，建造了那"宛自天开"的城市山林。

笔者认为，影园的成功营建，为扬州后来大规模营造湖上园林和城市山林树立了模板，提供了可以借鉴的成功范例。影园的兴建是计成《园冶》理论的具体实践，是在不远的将来扬州造园高潮的一次预演。它给人们具体而形象地展示了营造园林的规则和技法，该怎样创造与自然和谐相处的家居乐园。陈从周先生说，"影园是著名造园家计成的作品。园主郑元勋因受匠师的熏陶亦粗解园林之术，这些给后来清乾隆时期（1736—1795年）的大规模兴建园林，在技术上奠定了基础。"

三、扬州湖上园林的兴盛是《园冶》理论的伟大实践

（一）扬州湖上园林的兴起

清代，扬州很快从明末的战争创伤中恢复了过来，盐、漕两运逐步兴盛。"扬州繁华以盐为胜"，富甲天下的盐商在扬州的汇集，造成了地方经济的畸形繁华。加之乾隆六次南巡，盐商极尽铺张奢靡之能事，以期赢得封建帝王的"宠幸"，为了达到升官发财的目的，也大肆修建园林，借鉴影园的选址和布局方法，从城市山林的圈子里广泛拓展到郊外的保障河，在沿影园向河北段的保障河（瘦西湖）至平山堂两岸风起云涌，首尾相连，蔚为壮观，更是"两岸花柳全依水，一路楼台

直到山”。这些因势而筑的宅园，占尽自然风光之利，充分利用湖光水色之美，营造出宛若仙境的湖上园林，以“卷石洞天、西园曲水、虹桥揽胜、冶春诗社、长堤春柳、荷浦薰风、碧玉交流、四桥烟雨、春台明月、白塔晴云、三过留踪、蜀冈晚照、万松叠翠、花屿双泉、双峰云栈、山亭野眺、临水红霞、绿稻香来、竹楼小市、平岗艳雪、绿杨城郭、香海慈云、梅岭春深、水云胜概”二十四景，而著称于世。清人刘大观有云：“杭州以湖山胜，苏州以市肆胜，扬州以园亭胜，三者鼎峙，不可轩轾……”

这些园林的布局和选址，正如《园冶·借景》所说的：“构园无格，借景有因。切要四时，何关八宅。林皋延竚，相缘竹树萧森；城市喧卑，必择居邻闲逸。高原极望，远岫环屏，堂开淑气侵人，门引春流到泽……”选址和园内布局，基本依照《园冶》造园理论，但又各具特色（图7）。

图7 白塔晴云（引自《扬州园林甲天下》）

（二）湖上园林艺术

扬州郊外湖上园林中，源于自然，又高于自然的美景，不计其数。究其原因，一是地方官员的努力。《扬州画舫录》中说，“康熙初，王渔洋为扬州府推官时，屡次与诸名士修禊虹桥……乾隆时，卢见曾为两淮都转史，筑苏亭于使署，日与诗人相酬咏，列于‘牙牌二十四景，一时文宴盛于江南’”。这对造园热潮的兴起，无疑起着推波助澜的作用。二是，盐商造园热的兴起。他们大多数为读书人，懂得书画技艺，深厚的文化修养培养出识别人间真善美的锐利目光，他们一定会熟读《园冶》而研究影园，知道好园林该怎样布局，该怎样装饰。《园冶·兴造论》中“第园筑之主，犹须什九，而用匠什一”，计成的说法绝对不是夸张，没有高屋建瓴的优秀设计，哪来行云流水的非凡效果？由学识

渊博、精通园艺知识的精英操刀，扬州湖上园林终于在适当的气候条件下，英姿勃发，超群绝伦，如图 8 ～图 11 所示。

图 8　湖上园林——框景

图 9　湖上园林——对景

图 10　湖上园林——借景

图 11　湖上园林——园中园

“问渠那得清如许，为有源头活水来”，《园冶》理论与扬州湖上园林，是源与流的关系，《园冶》丰厚的理论涵养出扬州无数美轮美奂的湖上园林（图 12）。

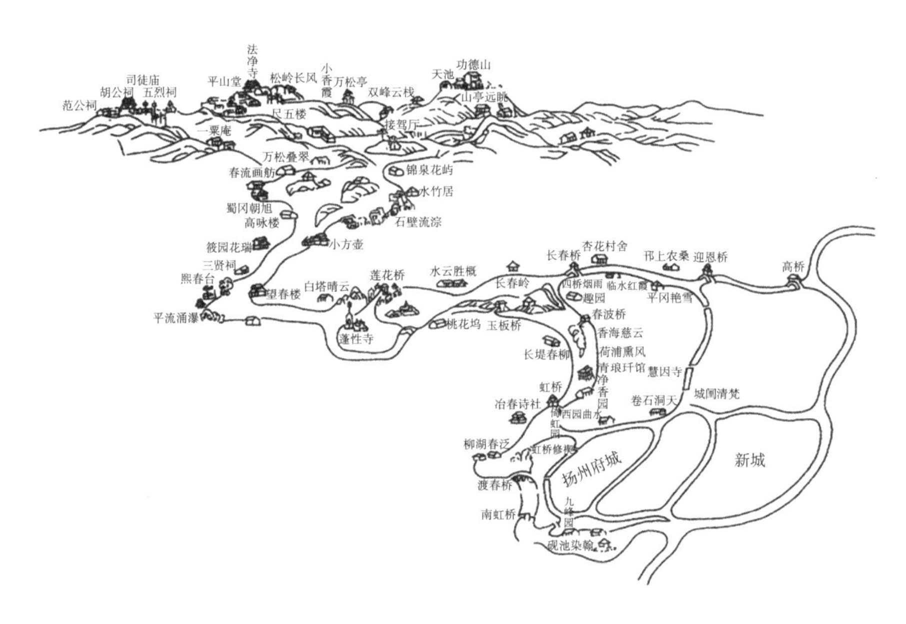

图 12　湖上园林总图（引自《扬州名胜录》）

四、扬州“城市山林”不衰是《园冶》理论的无穷魅力

（一）城市山林的兴起

清嘉庆年间，扬州园林受社会经济的影响，造园记载较少，出现“画舫录中人半死，倚虹园外柳如烟”的局面。早在道光十四年（1834年），阮元作“扬州画舫录跋”，道光十九年（1839年）又作“后跋”，历述他所看见的衰败现象，已到了“楼台荒废难留客，林木飘零不禁樵”的地步。湖上园林因而都拆屋集料、拆石售石，宅园渐趋破坏，大都鞠为茂草，几成瓦砾场，受影响最大。相对而言，蜷缩在城内的宅院，受影响少些。那段时间，只有嘉庆二十三年（1818年）盐商商总黄云筠在东关街北侧建了个园（图13）。

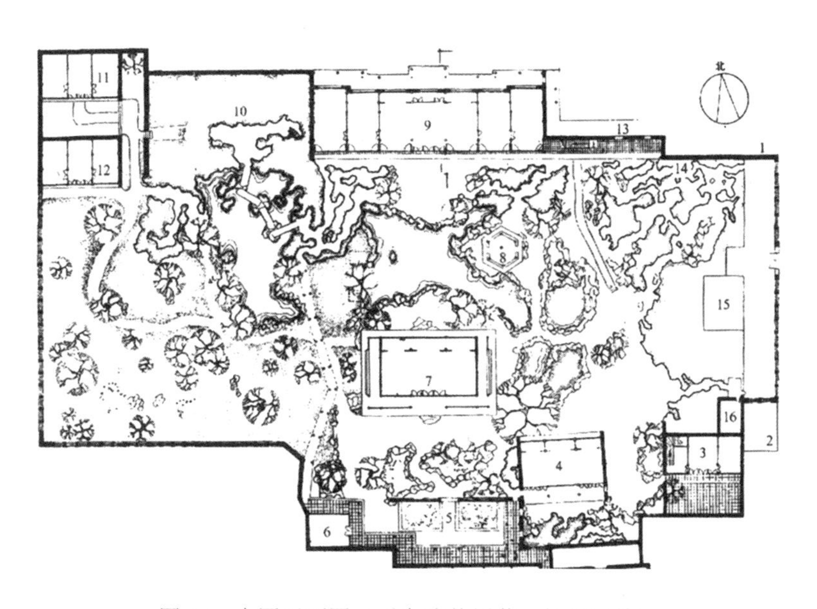

图13　个园平面图（引自陈从周著《扬州园林》）

由于“城市山林”受地域限制，大多散布在市区民屋之间，藏于深宅，规模无法与湖上园林相比，建筑体量更讲究精巧，综合运用借景、掩景、对景、框景等设计方法，在有限的空间内，营造小中有大的意境（图14）。利用景窗、半壁亭台、贴壁假山、旁榭凿池的方法（图15、图16），在空间处理上营造出“宛自天开”的大局面来。因地制宜，布局庭园，凸显步移景异、美不胜收的园林意境，形成了扬州城市山

林的共同气质。这些造园手法，无不源自《园冶》的谆谆教导，任何一处为人称道的风景，都可以在《园冶》中找到确切的理论依据，或以个园加以举例说明。

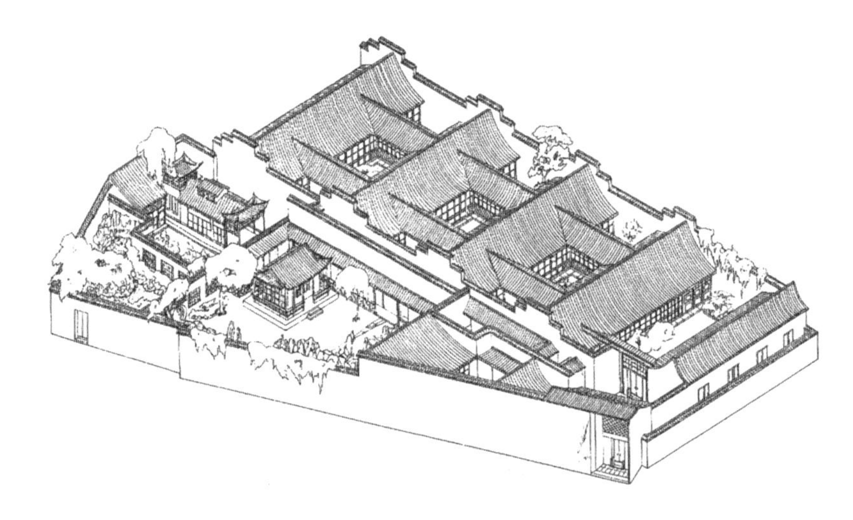

图 14　扬州魏氏宅园鸟瞰图（引自陈从周著《扬州园林》）

图 15　逸圃贴壁假山

图 16　片石山房半亭

筑在东关街的个园内有一座四面厅“宜雨轩”,即是《园冶》云“虚之为堂。堂者，当也。谓当正向阳之屋，以区堂堂高显之意”，使之“通前达后”，而能“生出幻境”。个园的四季假山，向来为人称道，“春山淡冶而如笑，夏山苍翠而如滴，秋山明净而如妆，冬山惨淡而如睡”（图17）。这种匪夷所思的造园构思，一定是基于钻研《园冶》介绍的造园用石的结果，不熟悉 16 种分门别类的石料材质和用途，能构思出如此玄妙的叠石佳作来吗？还有宜雨轩东南有“透风漏月”之馆，馆与堂之间有广玉兰，与《园冶》所云“尚有乔木数株，仅有中庭一二”之意相近。

（二）城市山林的升华

到了晚清，经历了咸丰兵燹惨烈的毁城厄运，扬州富家迷恋园林，痴心不改，一旦有了机遇，仍不计成本地精心构造享乐人生的“城市山林”。风光时期涌现出有“晚清第一名园”之称的寄啸山庄（图 18）、晚清时期两江总督周馥的家园小盘谷、东圈门壶园等一批名园。这些园林建筑，却是在从前废园的基础上“架屋随基，浚水坚之石麓；安亭得景，莳花笑以春风。虚阁荫桐，清池涵月。洗出千家烟雨……”以相地、立基到建屋、装修，无不“匠心独特，巧于因借”，秀色可餐。

图 17　个园夏山

图 18　寄啸山庄（何园）

每一座城市山林的造园技巧或许不同，有的精于建房，有的擅长叠石，有的巧妙理水，有的借植物造景（图 19），但指导思想是一致的，造园的规划理念如出一辙。毫不夸张地说，这些名园的主事者，或者是主人聘请的名流学者，或者园主本人就是这方面的行家圣手，他们都是《园冶》的忠实读者，对前辈造园大师计成的学说，佩服得五体投地。造园的一招一式，布局的一丘一壑，唯《园冶》马首是瞻。《园冶》魅力无穷，对扬州后世的造园影响可谓深矣！

图 19　借植物造景（引自《扬州园林甲天下》）

五、结语

明末著名造园家计成通过大量的造园实践，在对其造园思想和手法进行总结、归纳的基础上形成了《园冶》一书，为我国在古代造园学中的唯一文献。书中的诸多理论见解和造园手段一直指导着扬州古典园林，一代代的造园工作者不断加深对《园冶》的认识并进行发掘、继承，使其成为独特的园林建筑艺术，为我国历史文化遗产做出贡献，也使扬州成为研究我国古典园林的一个重要地区。扬州园林，不论是湖上园林还是城市山林，其高超的艺术成就和独特的风格，与《园冶》对扬州造园的宏观指导和微观教诲密不可分，它将永远指导扬州园林的传承和创新（图 20)。

图 20　扬州迎宾馆园林

（本文原为 2012 年武汉大学举办的纪念计成诞生 430 周年研讨会交流论文）

扬州古典园林的特征

扬州古典园林绵延两千多年的历史，有记载的大约在南北朝时期（图1），徐湛之（420—478年）曾在蜀冈上建造风亭、月观、观台、琴室……历史上所记载的扬州，无论地域、人文、气候均属江南，自古即为东南重镇。如唐人杜牧有《寄扬州韩绰判官》诗云："青山隐隐水迢迢，秋尽江南草木凋。二十四桥明月夜，玉人何处教吹箫。"诸多的历史记载都把扬州归属于为"江南地区"，因而自古以来扬州园林与江浙一带的城乡园林同称为"江南园林"，在世界造园史上有其独特的历史地位和价值，它直接受到山水画、山水诗文的影响而成就为高超的艺术手法，蕴含着浓厚的中国传统思想和文化内涵，展示了东方文明的造园艺术典范（图2）。江南园林的共同特征主要体现在：一是讲究建筑的灵活布局，不谈其对称，注重中心建筑"厅堂"的设置。《园冶》卷一："凡园圃立基，定厅堂为主。先乎取景，妙在朝南。"二是在建筑空间中注重叠石与理水的配合，增加自然意趣。三是讲究植物与建筑、植物与山水等配合造景的映衬，内外空间景色的层次叠加，即所谓的"园中园""借景"及"衬托"，"对比""藏景""对景"的造园手法运用，以达到"小中见大"的艺术效果，扬州园林在具有共同特质的同时，受地域、园主、画派、学风的影响，与苏杭园林相比又有"色彩沉雅、建筑厚健、风格从洋"的特点，其构造元素综合起来还有以下几点鲜明特征（图3）：

图1　庭院图

图 2　城闉清梵（选自《广陵名胜全图》）

图 3　中西结合的何园玉绣楼

一、“环联复道”

扬州每座私家园林的布局，总是利用“因地制宜”的原则，而又多有独特的变化，有别于苏州、杭州利用天然景色，大型园林主要在中心建筑的观赏点布置水面，隔水布置山石、树木，其间点缀水亭，水中设岛，近岸布置矶滩，周连双层长廊，与楼、阁以及假山的洞曲、阶石、山房相连接，又能经石室使上下连通，富于景色与空间的变化（图 4），呈现出扬州园林“环联复道”的显著特色。个园、何园、二分明月楼最具代表性，小型园林则倚墙叠山，山前筑池，适当加亭，或半亭连廊，结构紧凑，妙处在于运用“以少胜多”的艺术手法，小盘谷、怡庐、逸圃、匏庐即为其例（图 5）。

图 4　何园复道廊

图 5　逸圃贴壁假山

二、“叠石取胜”

扬州园林素以“叠石胜”，《扬州画舫录》记载：“扬州以名园胜，名园以叠石胜。”扬州无山，无石可产，难以有巨峰大石，因此扬州叠石就在于运用高超技巧，一是以“小石拼镶”的绝技而成巨峰，如片石山房、个园夏山。二是为节约用料运用“中空外奇”的妙技，如小盘谷、卷石洞天等。三是“分峰造山”，主要以乌峰、石笋和玲珑石来衬托庭院景观，如荷花池“九峰园”、个园的“春山”、“壶园”的“花石纲”等。四是“多色假山”，这是扬州叠石的又一特色，因而个园以四季假山汇于一园的独特叠石艺术而闻名于世。对于扬州（旱石）太湖石与苏州（水石）太湖石的用料区别，在《扬州画舫录》卷七中有如下论述：“太湖石乃太湖中石骨，浪激波涤，年久孔空自生。因在水中，殊难运致。惟元（代）至正（年）间，吴僧维则（之）门人，（方）运石入（苏州）城，延（请）朱德润、赵元善、倪元镇、倷幼文，共商叠成“狮子林”。有狮子、含辉、吐月诸峰，为江南名胜。此外，未闻有运致（湖中石骨）者。若（扬州）郡城所来太湖石，多取之镇江（南郊）竹林、莲花洞、龙喷水诸地所产（之旱石），其孔穴似太湖石，皆非太湖岛屿中石骨。若此（澄空宇）二峰，（则）不假矣。”如图 6 ~图 9 所示。

图 6　片石山房假山　　　　图 7　瘦西湖春波桥山

图 8　个园假山置石　　　　图 9　九峰园峰石

三、“清水砖墙”

扬州园林的主人，以盐商为多，一味追求豪华、富贵。建筑尺度，材料的品类，都向高贵华丽的方向追求，木料好者用楠木、柏木，楼面铺方砖，院内大理石，特别是清水砖墙及砖细装饰与苏州园林的白灰粉墙有较大的区别。清代道光年间钱泳的《履园丛话》卷十二载：“造屋之工，当以扬州为第一，如作文之有变换，无雷同，虽数间小筑，必使门窗轩豁，曲折得宜……盖厅堂要整齐，如分阁气象，书斋密室要参吾，如园亭布置，兼而有之，方称妙手。”由于清代战争的影响，满城废砖，聪明的工匠利用废砖，形成“干码乱砖墙”的技术，进一步说明扬州瓦作的工艺水平，其高超的技艺不落常格（图 10 ~图 13）。

图 10　民居砖细大门

图 11　空斗砖墙

图 12　乱砖墙

图 13　砖细砖墙

四、“旱园水做”

“旱园水做”的做法是扬州造园的又一手法，城市宅园中，不少宅园无水，但因造园无水而不活，于是开井挖池蓄水，时而园艺工匠另辟新意，采取旱园水做之法。“二分明月楼”全园虽属有山无水，但水意含蓄其间，并将“天下三分明月夜，二分无赖是扬州”通过诗情画意，借月色、山光、水意、树影、萧声、蛰鸣等烘托出来，可谓扬州园林的上乘之作。何园东部的船厅，用卵石铺砌作水波纹状，起伏有致，船厅有联：“月作主人梅作客，花为四壁船为家”其手法表现无水的妙境。汪氏小苑的“可栖徲”也是如此，有“无水而有水意，无山却有山情”之境。意到笔不到的艺术表现在园林中得到充分体现（图 14）。

图 14　何园船厅

五、“扬派盆景”

扬派盆景是点缀园林而锦上添花的又一特色，因庭院内不便栽花，园林山石间因乔木森严，不宜种草，均是运用盆景来点缀，扬州盆景多用松、柏、榆、杨等观赏植物，自幼培育，不断加工整饰，剪扎成型，一用棕丝扣成“云片”，二是扎缚为“一寸三弯”的姿态，陈从周先生在《园韵》中评论：“扬州盆景刚劲坚挺，能耐风霜，与苏杭不同，园艺家的剪扎功夫甚深，称之为‘瘩’、‘云片’及‘弯’等，都是说明剪扎所成的各种姿态特征的，这却非短期内可以培养成……又有山水盆景，分旱盆、水盆两种，咫尺山林，亦多别出心裁，棕碗菖蒲，根不着土，以水滋养，终年青葱，为他处所不及。”这是对扬州盆景最好的描述，增加了扬州园林艺术的奇趣（图 15 ~图 17）。

图 15　盆景造景（一）

图 16　盆景造景（二）

总之，扬州明清园林风格的形成受二帝南巡的影响，使皇家工匠与本地工匠的技艺得到了交融。清中期后，扬州园林还吸收了西方园林和建筑的细部做法（石壁流淙、何园、壶园等），在布局、结构、陈设风格上都体现了“南方之秀，北方之雄”的艺术特色。以瘦西湖、个园、何园、小盘谷为代表的古典园林，充分体现了中国造园的又一特色和水平，巧妙地运用了种种造园艺术的技巧和手法，将亭台、楼阁、叠石、植物融合在一起。扬州园林构造独特的“湖上园林”与“城市山林”的自然风光，在提升居住环境、创作建筑美、营造自然美、创造人文美等方面达到了时代高度，在中国园林艺术史上具有较高地位，扬州也因此成为了研究中国园林艺术的重要地区。

图 17　盆景造景（三）

（本文为2015年中国风景园林学会年会演讲材料）

扬州园林古建筑技术与地方做法

一、扬州传统园林古建筑技术概述

（一）扬州园林古建筑技术发展历史

中国园林古建筑技术是我们祖先留下的文化遗产瑰宝，在世界建筑史上独树一帜。据史料记载，扬州的园林古建筑技术距今已有约 2500 年的历史。公元前 486 年（周敬王三十四年），吴王夫差在扬州邗江城开凿河道，这是扬州建城的开始。大业年间，隋文帝统一南北之后，三下扬州，大兴土木，官方派遣了大批优秀的北方工匠来扬，与江南、江北原有的匠师在技术层面上进行了交流与融合，这一举措大大推动了扬州建筑技术的发展。

及至南北朝时期（420—589 年），宋人徐湛之在平山堂下兴建了风亭、月观、吹台、琴室等。加上大明年间（457—464 年）建造的大明寺（图 1），宋代的郡圃、丽芸园、壶春园、万花园等，元代的平野轩、崔伯亭园等，从明到清，随着运河的修整并成为南北交通的动脉，扬州发展为两淮区域盐商的集散地。同时，清帝乾隆六次“南巡”且大肆建造园林，使南北工匠技术又一次融合升华，扬州的建筑演变为北方官式建筑与江浙民间建筑两者之间的一种介体。其间扬州经济的繁荣吸引了大批徽商云集扬州，徽派工匠也由此逐步进入扬州。徽派工匠的到来，使得扬州园林古建筑艺术大为增色。历经数千年的发展，扬州园林古建筑艺术形成了特有的风格并成为研究我国园林古建筑技术的一个重要组成部分。

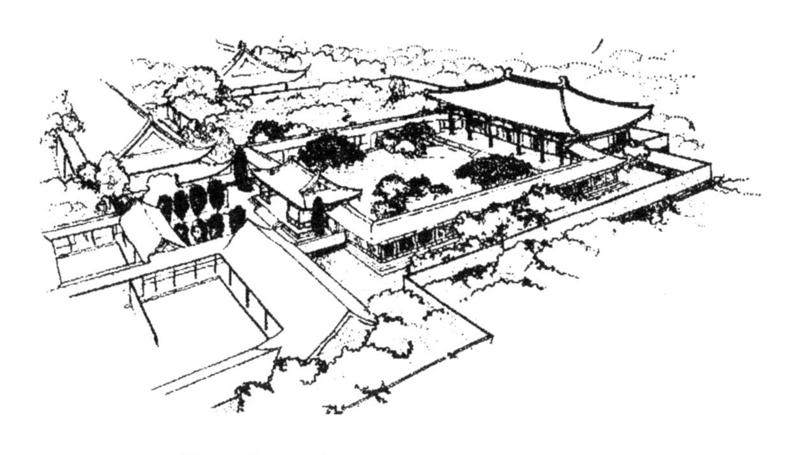

图1　大明寺鸟瞰图（引自《梁思成文集》）

（二）关于扬州园林古建筑的记述

清道光年间钱泳的《履园丛话》卷十二载："造屋之工，当以扬州为第一。如作文之有交换，无雷同，虽数间之筑，必门窗轩豁，曲折得宜……盖厅堂要整齐，如台阁气象；书斋密室要参差，如园亭布置，兼而有之方称妙手。"以至李斗在《扬州画舫录》中引刘大观的话评价："杭州以湖山胜，苏州以市肆胜，扬州以园亭胜，三者鼎峙，不可轩轾。"

扬州不仅有诸多的园林与建筑，而且还产生了名著，其中最著名的是明代计成的《园冶》。另外，记述扬州园林与建筑的资料也非常多，如李斗的《扬州画舫录》、清乾隆年间的《名胜园亭图说》《南巡盛典》《江南胜迹》《行宫图说》、程梦星《扬州名园记》《平山堂小志》、汪应庚《平山堂志》、赵之壁《平山堂图志》、阮中《扬州名胜图记》、钱泳《履园丛话》，以及道光年间骆在田的《扬州名胜图》、王振世的《扬州览胜录》和董玉书的《芜城怀旧录》等。此外，诸如《浮生六记》《红楼梦》等古典文学名著、画师袁江的《东园图》及卢雅雨的《虹桥揽胜图》等著作中都写出了扬州的自然风光和繁华景象。通志、县志、府志也都记载了不少营造情况，而尤以李斗的《扬州画舫录》记载最为全面系统，并将《大清分部工程做法则例》与《圆明园则例》部分内容引入其中的《工程营造录》。

（三）扬州园林古建筑技术特征概述

1. 扬州园林古建筑的构造特征

扬州园林古建筑在外观上是青砖黛瓦、清水原色、雄浑古朴，以工整见长，与江南民居建筑外观粉墙黛瓦、黑白相间、轻重简约区别明显。在结构构造方面也比较单一，基本上是木构架，围护主要为砖结构、木隔墙，加上门楼饰、窗饰、柱础饰、构架饰、室内外细部装饰、陈设，以及“八刻”、叠石、盆景、园林的结合，更丰富了园林古建筑的艺术魅力与欣赏价值。

2. 扬州工匠的分布情况

扬州老匠师健在的仍多，特别是在改革开放初期，时值文物保护的初潮，又培育了一批能工巧匠。在广陵、邗江、江都邵伯镇有许多技术精湛的瓦工、木工、石工、雕工、叠石工、泥雕工。扬州的古建筑技术流传之广，影响之大，其他城市无可比拟。至今，泰州、盐城、淮安、天长许多古建筑的师傅认其师祖，多自称扬州血脉，叠石技艺直接影响大江南北。

3. 扬州工匠的经验和特点

长期的实践，使得扬州的工匠们有一套非常完善的施工技术经验的积累，通常用口诀表述，如关于屋面的举折确定，只要长作师傅说一下（通常为木工），提算是 5.5 算，还是 6 算，其他工种就知道了屋面坡度怎么做。开间只要说一下，大五架、小五架、大七架、小七架即可知道沿高及进深尺寸。关于斗拱，只交代口斗及几升，就会知道细部尺寸，一根丈杆标明房屋的所有尺寸，扬州一般一尺（鲁班尺）为 27.5 厘米。

图 2　干叠清水乱砖墙

扬州民间还保留着许多独一无二的建筑技术，例如：邵伯工匠“干叠清水乱砖墙”（图 2），不用灰浆就能将不规格的砖干叠平整、稳定、整齐，结构也相当大胆，可以说外地的工匠是无法砌筑的。

二、主要特色和做法

（一）围护结构

围护结构从墙体砌筑形式来看，常见的有：磨砖对缝墙、青灰扁砌马线缝青砖墙、和合墙、玉带墙、乱砖清水墙、干叠乱砖清水墙，民间杂色建筑还有土砖墙、外砖内土砖结合墙（简称包皮墙）、泥笆墙、砖护角土砖正身墙等组合形式。砌筑用灰采用石灰、草灰搅拌而成（图 3 ～图 12）。

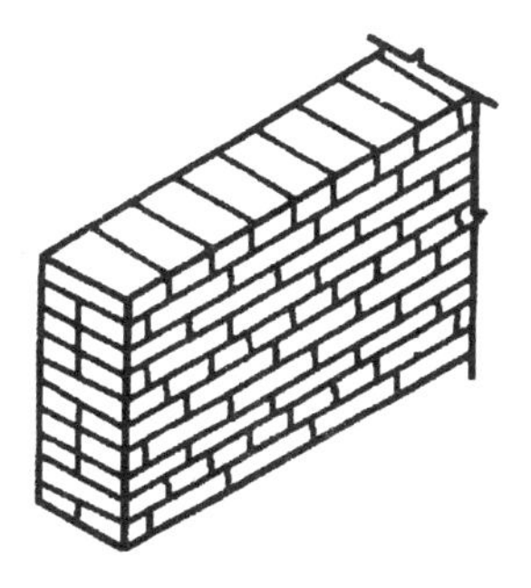

图 3　三顺一丁砌法

图 4　梅花丁砌法

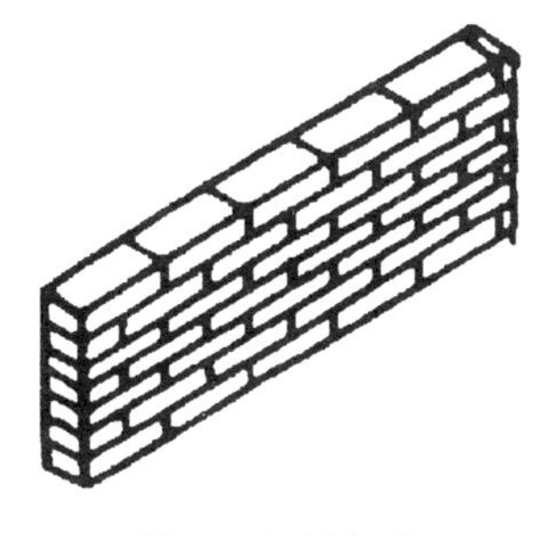

图 5　全顺砌法

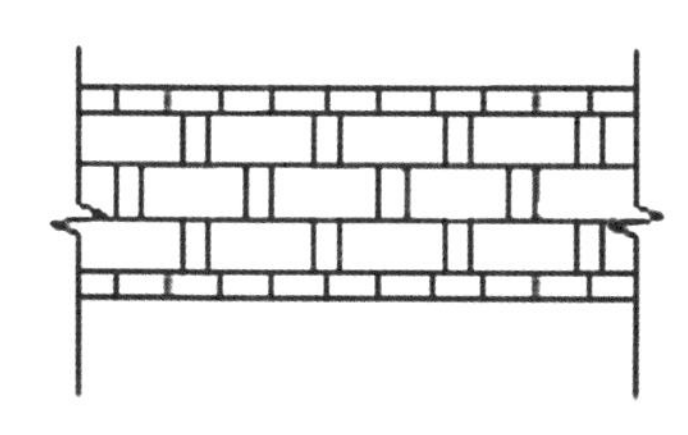

图 6　三斗一卧砌法

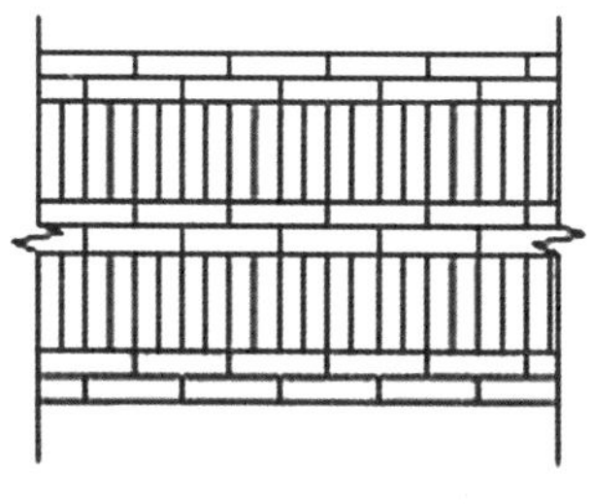

图 7　玉带墙

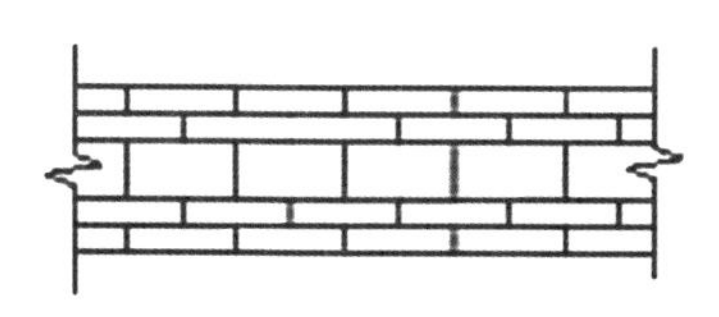

图 8　相思墙

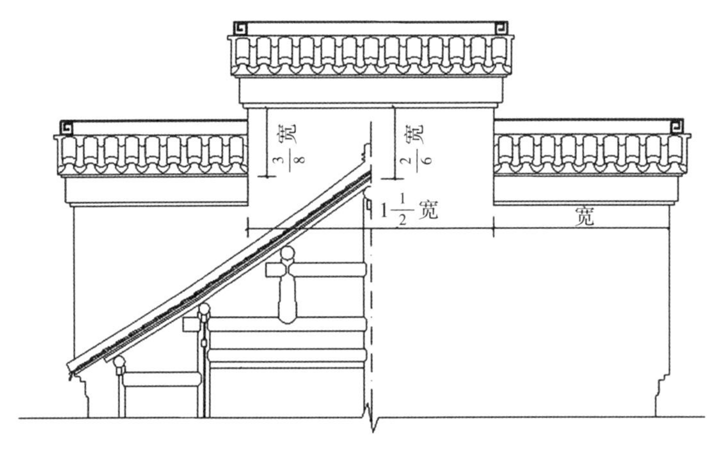

图9　防火墙（屏风墙）

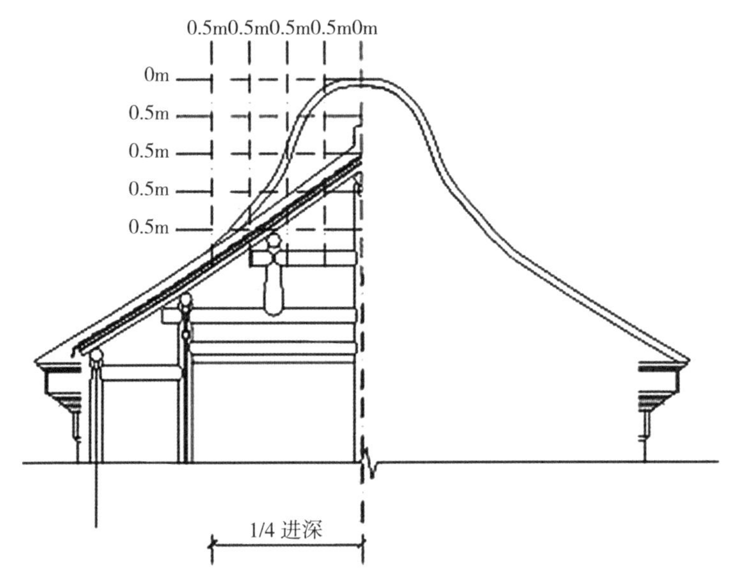

图10　观音兜山墙

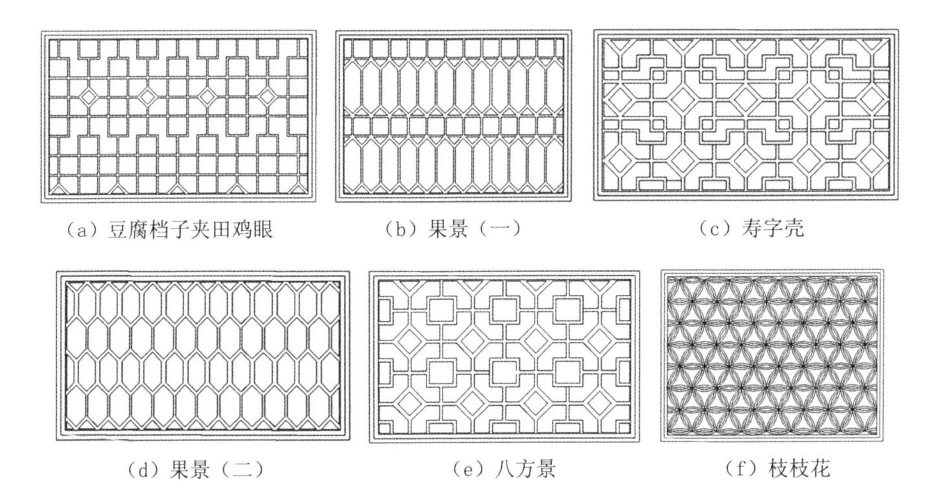

（a）豆腐档子夹田鸡眼　（b）果景（一）　（c）寿字壳

（d）果景（二）　（e）八方景　（f）枝枝花

图11　砖细花窗

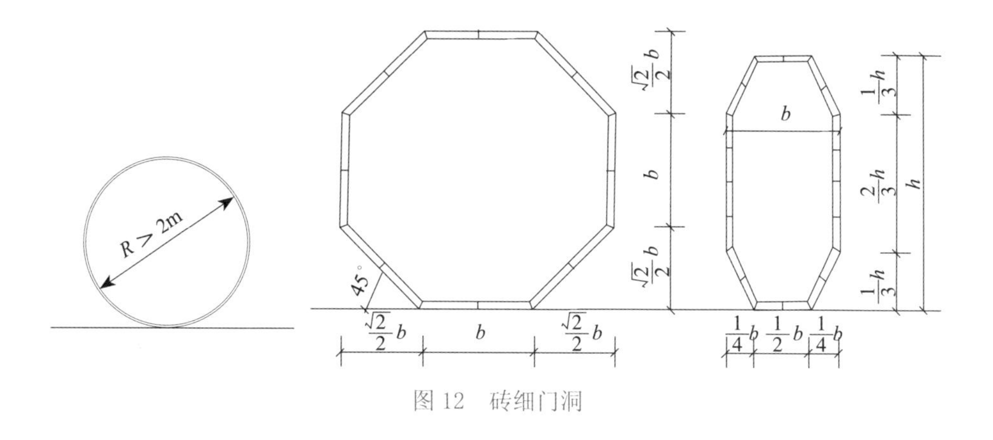

图 12　砖细门洞

（二）木构架做法

木构架比较挺健，柱都为直柱，柱下置石柱础或石鼓，梁架用料多为圆料直材，少有扁作梁，亦有受徽派建筑影响的介于月梁与直梁中间（月梁略作弯）。木构架取材多为杉木，厅堂为抬梁式，住室为中柱的立帖式，椽子为半圆椽。清中期以前多为方椽，不施油漆，刷桐油，考究的厅堂用楠木、柏木、广木，堂前置轩篷（图 13 ～图 15）。

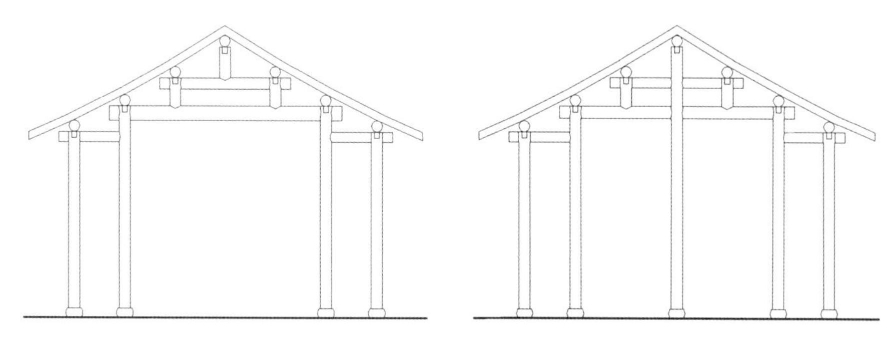

图 13　抬梁式

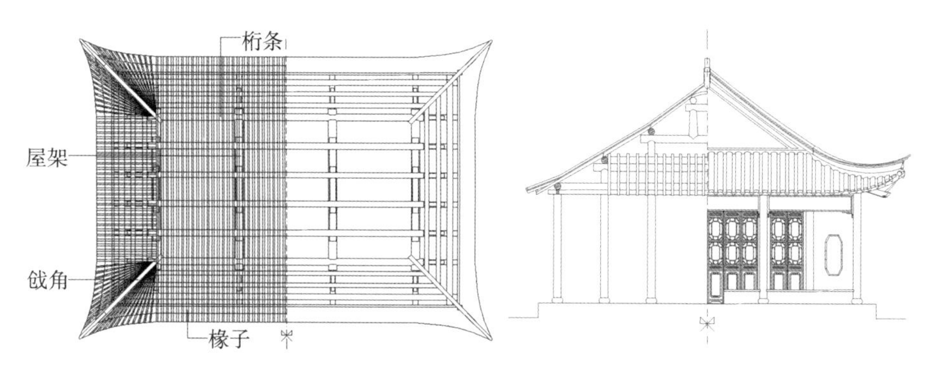

图 14　歇山做法

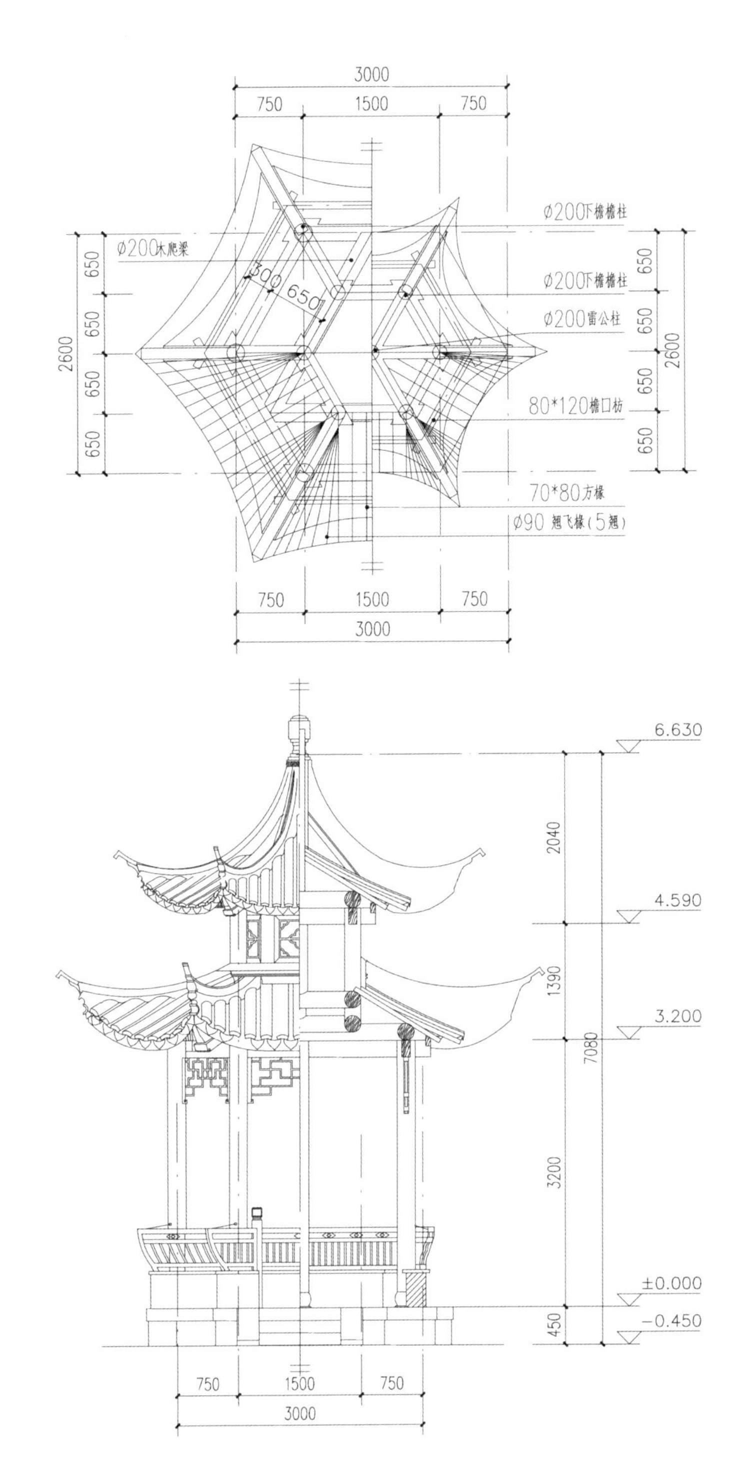

图 15　攒尖亭构架

（三）翼角做法

出檐翼角做法无北方之沉重，亦不像江南园亭的约巧，平稳适中，其做法与《营造则例》《营造法源》做法有明显区别，起戗处于两者之间，摔网椽 5、7、9、11 根，都为单数，根据建筑规模确定（图 16 ~图 18）。

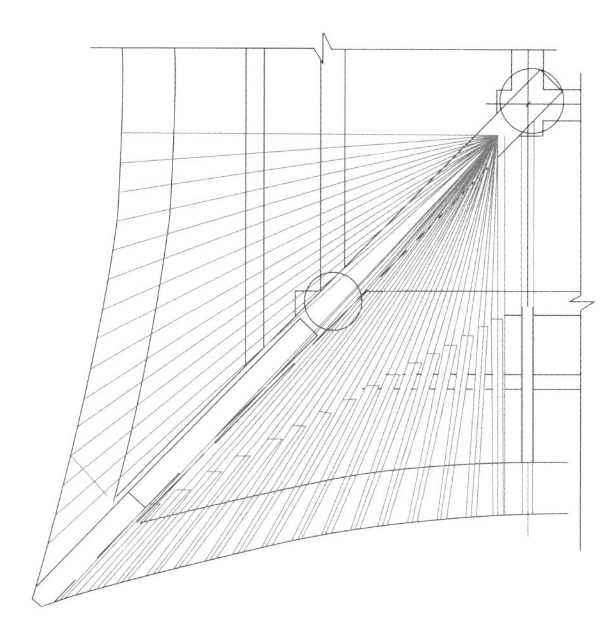

图 16　戗角平面图

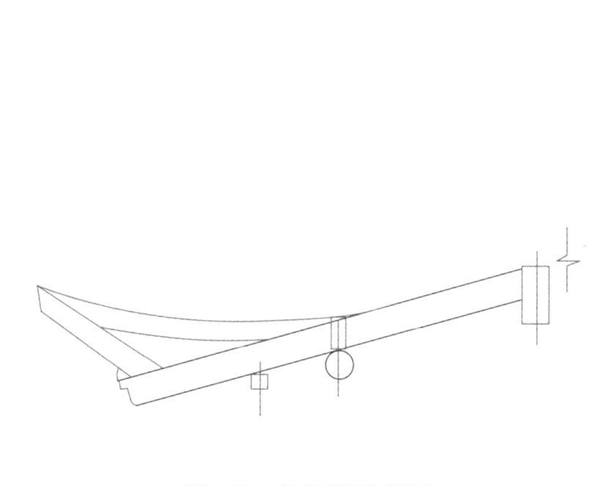

图 17　老角梁示意图

图 18　戗角

（四）檐口做法

扬州园林古建筑除少数公共建筑用斗拱外，民间及园林建筑均不施斗拱，其沿口做法如下：

1. 檐口带飞椽（图 19）

2. 檐口不带飞椽（图 20）

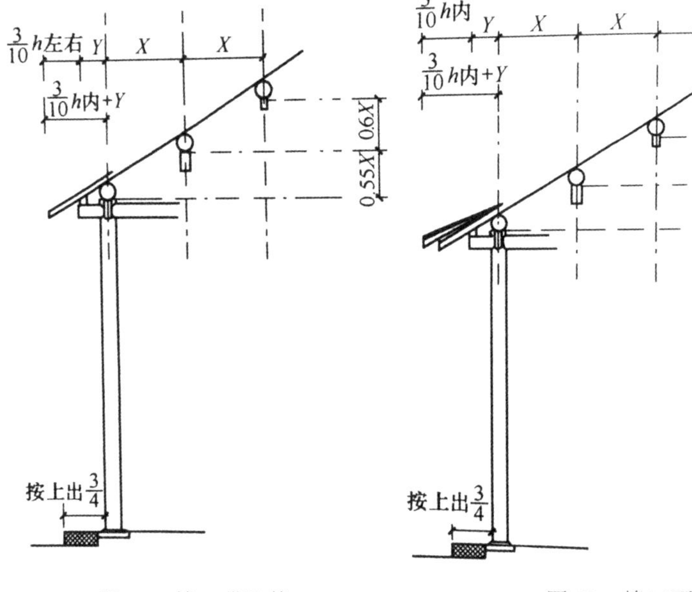

图 19　檐口带飞椽　　　　图 20　檐口不带飞椽

（五）轩架做法

一般在厅堂的前后步架以及脊顶做一层弧形的天花，简称轩（图 21、图 22）。

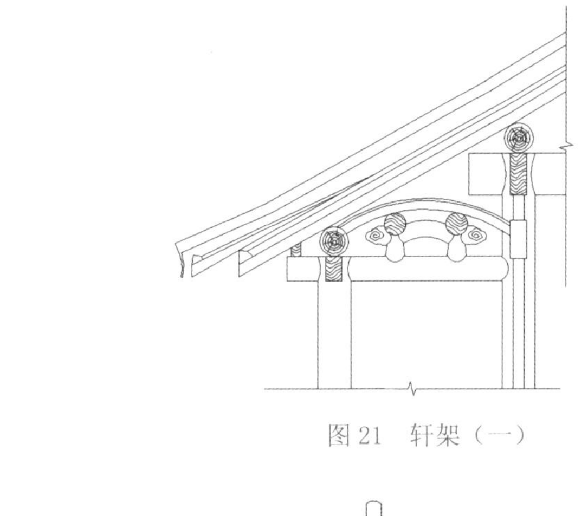

图 21　轩架（一）

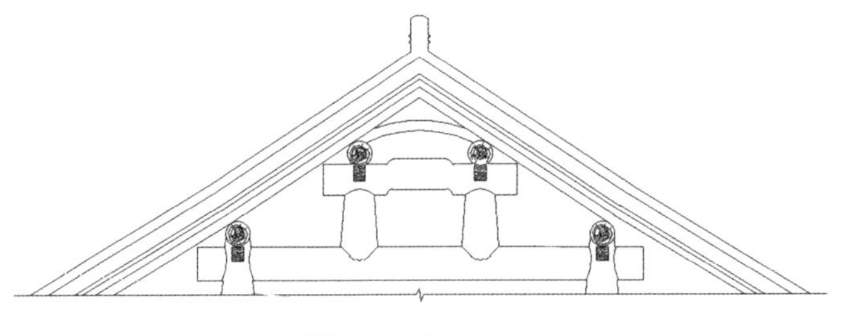

图 22　轩架（二）

（六）斗拱做法（图 23 ～图 28）

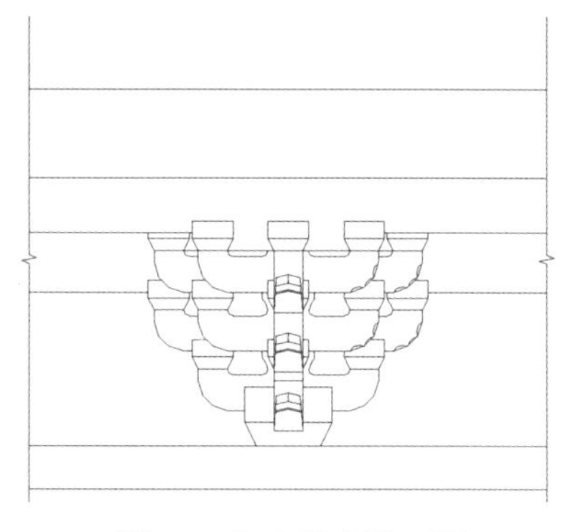

图 23 柱头科斗拱正面

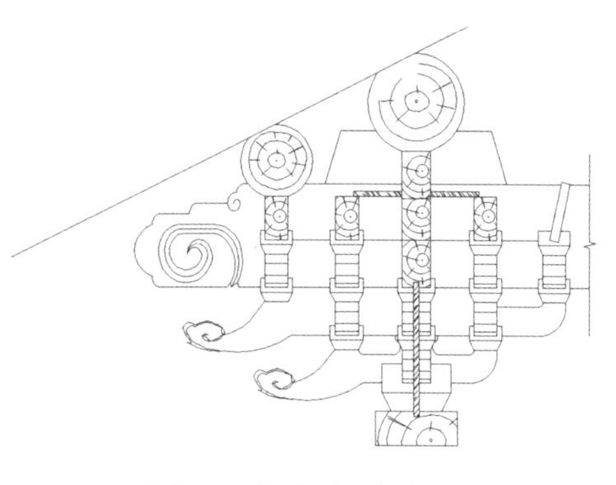

图 24 柱头科斗拱侧面

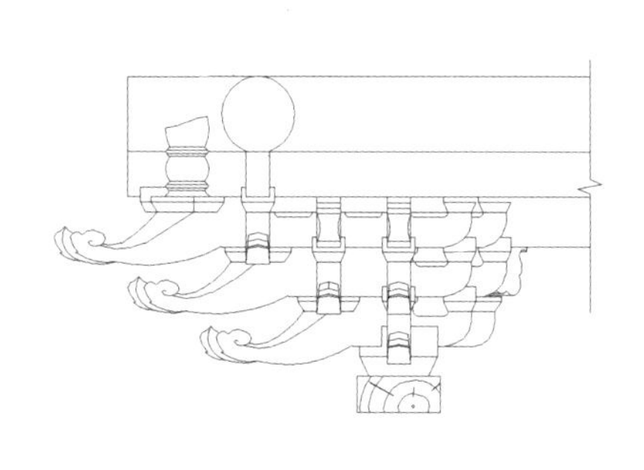

图 25 角科斗拱正面

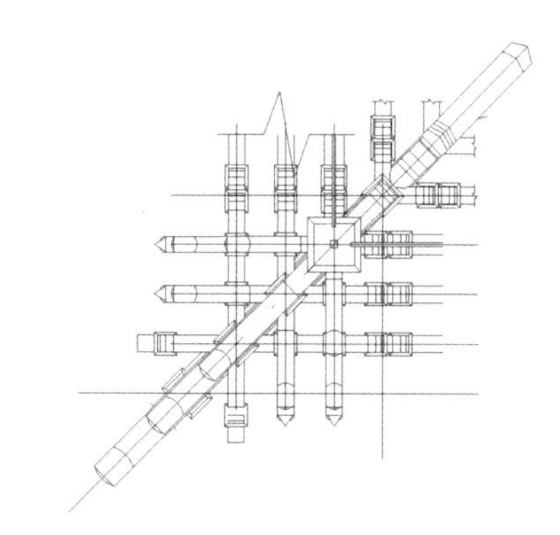

图 26 角科斗拱仰视

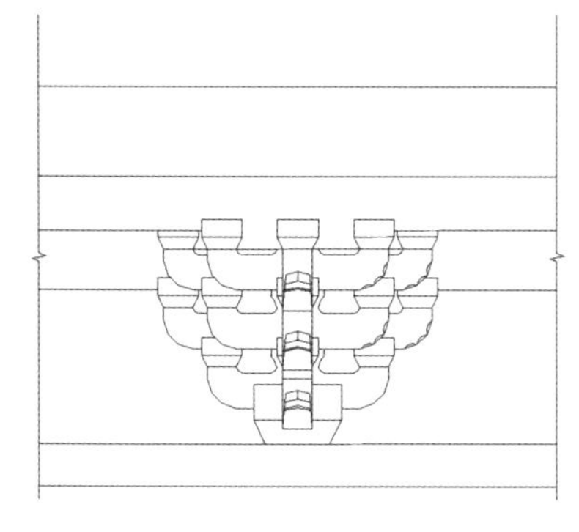

图 27 平身科斗拱正面

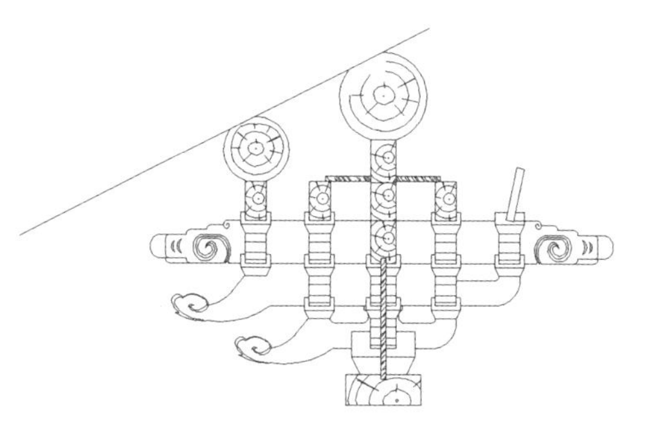

图 28 平身科斗拱侧面

（七）小木作

主要有长窗、短窗、挂落、栏杆、飞罩、地罩、碧纱橱等（图 29 ～图 32）。

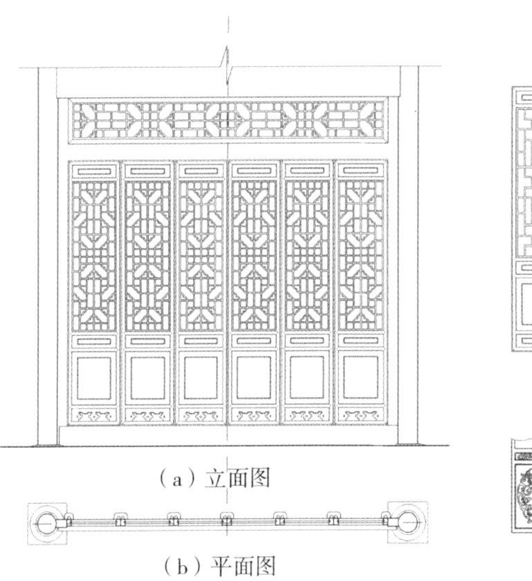

（a）立面图

（b）平面图

（c）古式长窗式样

（d）古式长窗裙板、绦环板雕饰

图 29　长窗

图 30　挂落

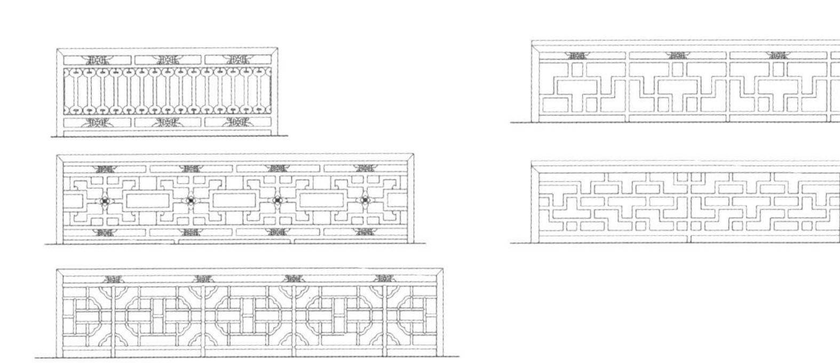

图 31　木栏杆

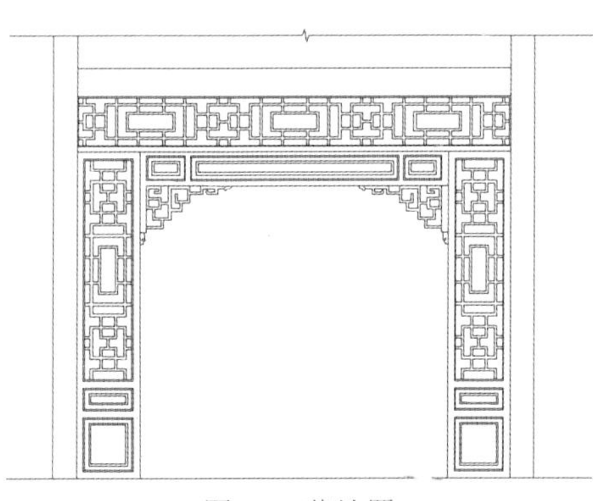

图 32　落地罩

（八）屋面做法

基本上以小瓦屋面为主，与江南、徽派民居屋面小瓦铺设相比，要厚密，灰泥坐浆，直按铺在木望板或砖铺砖上。清水砖望板有细磨和粗望之分。通常用自制的色浆（酒、色浆、糯米汁调制），砖长边一边抹白线条。一般民居坡度较平缓，提算在 5 算左右，公共建筑以及大型民居的坡度由峭渐曲至翘，一般以 5 算、5.5 算、6 算、6.5 算、7 算，以桁架递增，扬州的建筑有别于江南的是檐口很少用封沿板。住宅、会所建筑的四合院常用围合坡屋面，呈现四面屋面汇水于天井，屋面间的交汇为斜落水，整体性能好，与北方四合院、南方民居围合接头不同（图 33）。

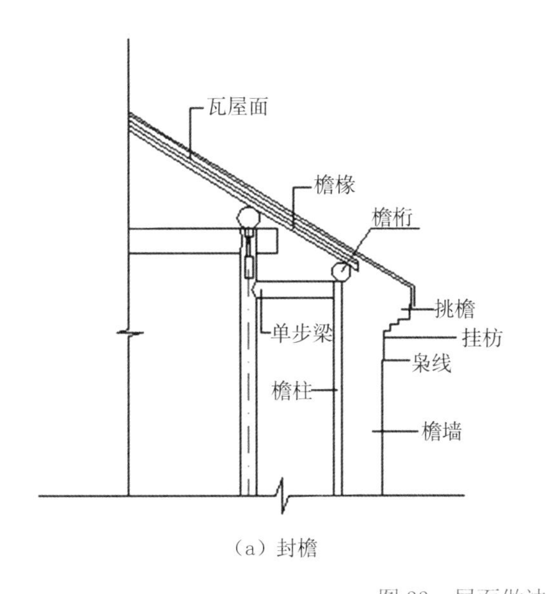

（a）封檐　　（b）出檐

图 33　屋面做法

屋面形式有歇山、硬山、马头墙封山，二面坡、一面坡、四面坡做法。屋脊做法：民居屋脊由滚筒竹脊或一、二瓦条筑脊；公共建筑屋脊：由滚筒筑脊和亮脊两种做法。如图 34 所示。

歇山、屋脊形式如图 35 所示。

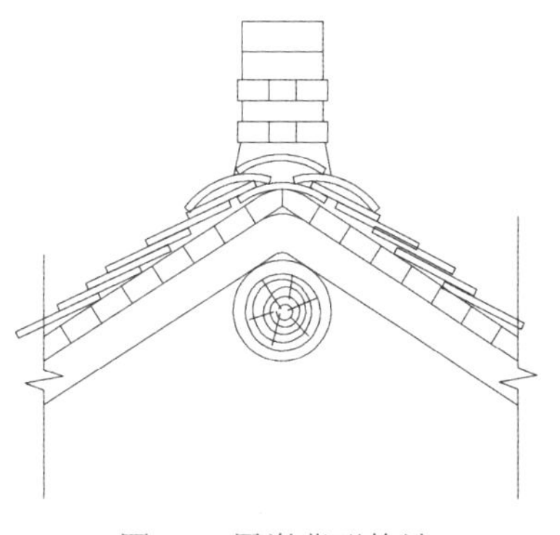

图 34　屋脊背形构造

图 35　歇山、屋脊形式

（九）地面做法

室内一般都用罗底砖、方砖经过加工打磨刷桐油三度，光滑细腻。也有方砖下面的垫层很讲究的，砖下四角置覆钵的“空铺”法，方砖四角架在钵子上（图 36），垫黄沙，磨砖对缝，既平又无潮湿之患，人走在方砖地面上落地无声。冬天时，还有卧室内方砖上置木地屏，在可拆装的木阁上安装活动地板，同时可降低室内的净高。有些条件好的主人楼厅，在木楼面上亦铺方砖，更有再加上地屏的，即为三层结构。民间杂式建筑通用灰土结石地面居多。天井铺地采用砖、石铺，形式有平、立铺之分，庭院铺地大部分曲折多变，用卵石花街，还有砖瓦混铺，有时也用冰裂纹石铺作，艺术水平较高（图 37）。

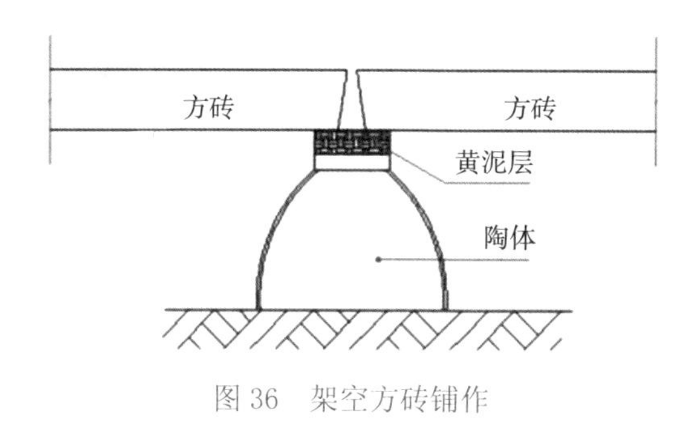

图 36 架空方砖铺作

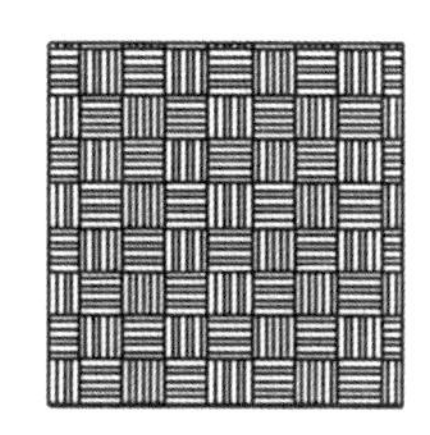
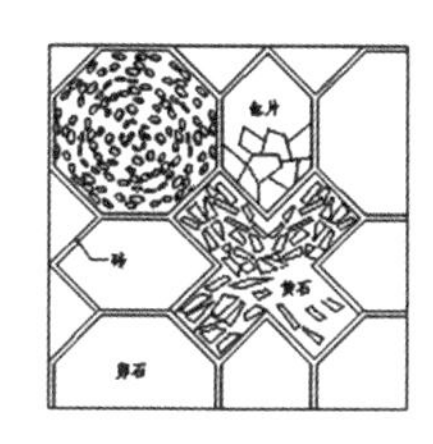

图 37 花街做法

（十）造园技术

1. 叠石

扬州无山，造园以“迭石胜”，在技术上一直有较高的评价，李斗著《扬州画舫录》二卷称“扬州以名园胜，名园以叠石胜”，在叠石处理上很有特点，常用的石材以黄石与湖石居多，处理方法上有土山点石法、平地叠石法、驳岸叠石法。扬州地处江淮，无石可产，运载不便，无巨峰大石，其手法高度运用了技巧，将小石拼镶而成巨峰，其石块的大小，石头的纹理，组合巧妙，勾带连络，拼接之处有自然之势而无斧凿之痕，嵌缝多用阴接，即见缝不见灰。黄石的粘结材料主要由白灰、黄泥、糯米汁等组成，凝结后带红色；湖石其石色发白，其中粘结材料主要由白灰、草灰、糯米汁调制而成。片石山房出自石涛的手笔，石涛画论中山的处理应“内实外空”或“外实内空”，片石山房总体布局即为“外实内空”体现了石涛所谓“峰与皴合，皴自峰生”的画论。卷石洞天《礼记》取意：“今夫山，一卷石之多，及其广大草木

生之，禽兽居之，宝藏兴焉。”文中“卷石”亦为“掌石”，即石如掌小，以掌之石堆成神仙的洞天，正是“卷石洞天”的妙处，今已恢复其记载，假山，以湖石叠成：“中空外奇，玲珑磊块”，真是“横竖反侧，非人思议所”，业内人士称为精品之作。分峰迭石是扬州叠石的又一大手法，所谓分峰迭石即多种石材同园异用，堆叠不同的形态，种植树林，形成个性鲜明的山景，汇于一园，相互映衬，相互借景。个园是这种手法的代表，因而以四季假山汇于一园的独特叠石艺术而闻名遐迩，扬州的叠石匠人在说具体操作方面以“透、漏、险、瘦”而为其型进行定论（图38）。

图38　片石山房假山

2. 植物造景

扬州的植物景观和园林其他景观都有文化涵义，自古花文化异常丰富。常用乔木的配置以松、柏、栝、榆、枫、槐、银杏、女贞、黄杨为主，灌木以桂、海棠、玉兰、山茶、石榴、紫藤、蜡梅、碧桃、木香、蔷薇、月季、杜鹃为主，竹、垂杨、芭蕉、桃树是扬州园林中常用植物。住宅、会所以梅兰竹菊、玉堂富贵为代表树种，寺庙植物主要是松、柏、银杏、白玉兰、蜡梅等，所有佛寺都没有桃树，且不种韭菜、葱、姜、蒜等。而在道观中却有桃树，因桃树是驱鬼邪的。公共园林种植主要在乡土植物中以科学、艺术、实用与地形、水、建筑相结合。最常见的乔木是杨柳、银杏、青竹，代表性的花有梅花、桃花、紫藤、荷花、桂花、菊花、书带草。其次还有盆景，扬州的园林与建筑中凡是不宜种树、种花草的地方，常用盆景来点缀。扬州盆景堪称全国五大盆景流派之一，其特点源于自然，多用松、柏、榆、杨等观叶植物，自幼培育。盆景主要类型有树桩盆景、山水盆景和分水盆、水盆景，形式多样，各具特色，其园艺匠人剪扎功夫湛深。其一曰扎片：将细嫩枝条一一用棕丝扎缚拿开，使枝枝平仰，诸自枝相聚则成平整云片；其二根据“枝无植”的原理，用棕丝将寸长之枝扎缚为“一寸三弯”的姿势。观花类盆景以疙瘩式梅最为著名，将盆梅于苗期从根部围绕，纠结如疙瘩。这些充分体现了剪扎的技术水平，意理都是说明创意和剪扎所成的多种姿态的特征，因此扬州园林植物造景不仅是绿化，而且还有盆景组成（图 39）。

图 39　植物配置

三、结语

扬州历代工匠总结了具有较高价值的营造技术，构成了一个独立的建筑派系，形成了独特风格，创造了我国建筑史上的重要价值，对当今园林建筑的可持续发展起到了借鉴作用，为扬州成为“建筑之乡”奠定了基础。

（本文由 2008 年在台湾中国科技大学海峡两岸学术交流会议上的交流材料整理）

扬州叠石艺术与技术

叠石是中国古典园林造景的重要手法之一，它是大自然山水的概述，在有限的空间里，模拟自然的景色，通过加工、提炼，以“移山缩水”的方式创造“虽由人作，宛自天开”的自然风景艺术（图1)。这也正是李笠翁《闲情偶寄》中描述“变城市山林，拓巨峰使居平地”的一种妙术（图2)。扬州地处江淮平原，无自然的崇山峻岭，扬州无山而不产石，难以有巨峰大山，因此，便成就了扬州园林中“小石拼镶”“中空外奇”的叠石艺术，堪称一绝。扬州不仅采用湖石、黄石和宣石掇山，还采用乌峰、石笋和玲珑石来衬托园林景观（图3)，叠石技艺在中国园林艺术中有较高的地位。清代李斗所著《扬州画舫录》中云:“扬州以名园胜，名园以迭石胜。”(图4)

图1　个园叠石

图2　小盘谷画卷

图 3　瘦西湖花石纲

图 4　片石山房

一、扬州叠石的艺术特征

（一）因地制宜，立意在先

任何假山都会体现主人的追求，都有不同的意境。清代张南恒认为“石林之奔注，伏而起，突而怒，犬牙错互，决树莽，把轩楹而不去，若似乎处大山之麓”，“石取其易致者，太湖尧峰，随意布置，有山泉之美，无澄涉之劳”。这都说明叠石是将大自然的山水，经过艺术概括，提炼小山之形，传大山之神，以真山意境创作假山，给人以亲切之感，有想象和品味的空间。如扬州个园的黄石山意在体现“黄山嶙峋”之意（图 5），九峰园的“九人丈人尊”（图 6）也极具代表性。扬州名园即以叠石称胜（图 7）。若要叠得好山，胸中要有丘壑。所谓“丘壑”，即是“山水意境”，片石山房则是享有盛名的湖山园林，体现了石涛所谓“风与皴合，皴自峰生”的画理。不少以山为主题的园林，定山名为园名，如瘦西湖“小金山”“小盘谷”等。

图 5　个园秋山顶

图 6　九峰山

图 7　大明寺西园假山

（二）精在体宜，秀则象形

假山既是以山水画创作为基础，也是模仿自然界动物的形体动作而堆叠的山景观。扬州叠石是在有限空间里，呈现大自然的景观。计成在《园冶》中说："峭壁山者，靠壁理也，藉以粉墙为纸，以石为绘也。理者相石皴纹，仿古人笔意，植黄山松柏、古梅、美竹，收之圆窗，宛然镜游也。"寄啸山庄的东部，正是如此（图 8），逸园假山亦为代表。清代《江都县续志》中说小盘谷"园以湖石胜，石为九狮，有玲珑夭矫之概"（图 9）。卷石洞天作出了"矫龙奔象、惊猿伏虎"的气势。

图 8　何园东部假山

图 9　小盘谷假山

（三）分峰叠石，色质多样

南园与个园都是典型的案例。南园是清中期的名园，园主以太湖石散置于园内的诸厅堂之间，乾隆临幸时赐名"九峰园"。李斗在《扬州画舫录》卷七中曾有描述："大者逾丈，小者及寻。玲珑嵌空，窍穴千百。”可谓是一座又高又大、又奇又美的分峰而立的湖石。个园以假山堆叠精巧而闻名于世，陈从周先生曾说：“春山宜游，夏山宜看，秋山宜登，冬山宜居，此画家语也，叠山唯扬州个园有之（图 10 ~ 图 13)”。扬州园林叠石不但采用湖石，还利用黄石、宣石、笋石多色的做法。个园为“四色”，八峰园、静香园、棣园、何园内均为多色假山。

图 10　个园春山

图 11　个园夏山

图 12　个园秋山

图 13　个园冬山

（四）洞天佳境，中空外奇

“卷石洞天”即是“中空外奇”的佳作（图 14）。李斗对“卷石洞天”还做了具体描绘：“狮子九峰，中空外奇，玲珑磊块。手指攒撮，铁线疏剔，蜂房相比，蚁穴涌起，冻云合遝，波浪激冲，下水浅土，势若悬浮，横竖反侧，非人思议所及。树木森戟，既老且瘦。夕阳红半楼飞檐峻宇（图 15），斜出石隙。郊外假山，是为第一。”中空外奇的艺术还为“片石山房”“小盘谷”等多处园子所用，既体现精湛技艺，又节约石料。

图 14　卷石洞天

图 15　个园黄山石室

二、叠石的技术要点

（一）假山的形式

假山的形式因地而立意和选材，一般可分为楼山、池山、壁山、庭山等（图 16 ~ 图 19）。在布局方式上有特置、群置、散置、孤置等。根据位置的需要，又有结合与拼列之别。

图 16　逸圃楼山

图 17　二分明月楼假山

图 18　个园北部池山

图 19　街南书屋庭山

（二）假山的构造

每座石山的外观虽然千变万化，但仍是有科学性、技术性和艺术性，其结构分基础、中层和结顶三部分。

1. 基础。计成《园冶》曰：“掇山之始，桩木为先，较其短长，察乎虚实。随势挖其麻柱，谅高挂以称竿。绳索坚牢，扛抬稳重。”说明先要有一个山体的总体轮廓，才能确定基础的位置与结构。传统做法，一般使用木桩和灰土基础两种形式。木桩多选用柏木桩和松木桩，一种是支撑桩，必须打到持力层，另一种是摩擦桩，主要是挤实土壤，桩长在 1 米左右，一般平面布置均按梅花形排列，故又称“梅花桩”。灰土基础通常在地下水位不高的条件下使用，多采用 3:7 灰土拌和，分层夯实，夯土基础一般较假山宽 500 毫米。

2. 拉底。拉底是指在基础上铺叠最底层的自然山石。《园冶》曰：“立根铺以粗石，大块满盖桩头。”底石不需要特别好的山石，底石的材料要为大块扁平的石料，坚实、耐压，不能使用风化过度的山石垫底。

3. 中层。中层是位于底石之上、顶层以下的主体结构层，通过接石压茬，偏侧错压等受力平衡的施工技法营造石屋、山径、蹬道、峭壁、溪涧、种植穴，形成可供欣赏的自然山水。但需注意平稳、接连、避“闸”、偏安、纹顺、后坚、错落等要点。

4. 结顶。结顶是处理假山最顶层的山石，也称收头，起到整个山体结构稳定和突出主题的作用（图 20 ～图 23）。收顶的山石要求体量大，以便凑合收压，因此要选用轮廓和状态都富有特征的山石。收顶的方式是先平稳后，再选用分峰、秀峰、流云顶三种手法结合山体的全局进行收尾。

（三）叠石技巧

按照要求做好基础后，放好拉底石，开始相图、选石、相石、分层堆叠、吊装、结构、补强加固、补缝等工序。吊装一般采用三角支架（扒杆），安装手动葫芦，叠石高度不超 4m。一般先竖主峰，再配次峰，

好的假山都会大伸大缩，才能表现出层次，轮廓分明。对挑石、险石、悬石，用木架顶牢，再用骑马钉扣紧，瀑布要圈叠积水池，出水口要做溢水坝，种植池要保持正常存土量等。绿化为假山的陪衬，也能起到画龙点睛的作用。

图 20　片石山房主峰

图 21　片石山房收顶

图 22　华氏假山收顶

图 23　卷石洞天收顶

假山有山峰、峦、洞、壑等各种组合单元的变化，但就山石相互之间的结合而言，可以概括为叠、竖、垫、拼、挑、压、钩、挂、撑等。叠：指掇山较大的，料石就要横着叠，即为“岩横为叠”；竖：指叠石壁、石洞、石峰等所用直立式或拼接之法，即“峰”立为“竖”；垫：指卧石出头要垫，核心作用是对山石的固定；拼：指选一定搭配的山石，拼成有整体感的假山或组合成景，拼成主次的配合关系，即“配凑则拼”；压：指“侧重则压”，与“石横担伸出为挑”相对应，二者相辅相成；钩：指用于变换山石造型所采取的一种手法，即“平出多时立变为钩”；挂：指石倒悬则为“挂”；撑：“撑”也称“戗”，是指用斜撑的支力来稳固山石的一种做法,即“石偏斜要撑”“石悬顶要撑”。如图 24 ~ 28 所示。

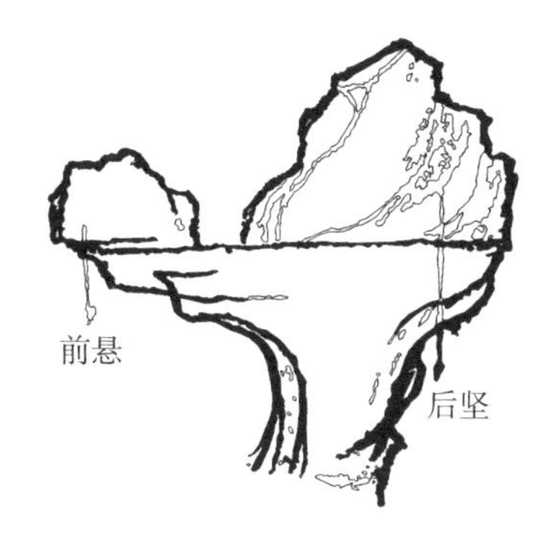

图 24　挑悬式

图 25　叠连式

图 26　梁柱式

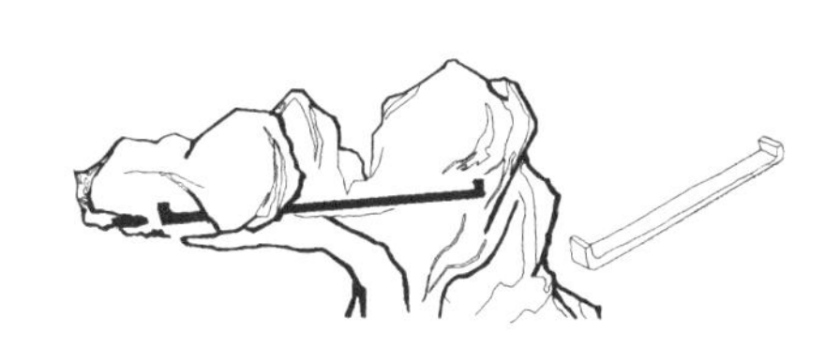

图 27　铁扁担

三、结语

扬州在园林中叠石造山，其章法严谨、灵活，手法巧妙，无论城市宅园还是湖上园林，到处可见佳作。叠石艺术作为造园的基本构成要素，既使园林充满山水意趣，又体现了因扬州地处平原，无崇山峻岭、峭壁悬崖，人们对山水的向往和追求。正如《园冶》卷三云:“山林意味深求，花木情缘易逗。”

图 28　拱券式

（本文系 2017 年西宁“融汇与生长——自然和文化视野下的民族建筑与园林艺术研讨会”上的交流材料）

扬州园林三雕艺术

一、引言

扬州著称于世的“八刻”有砖刻、牙刻、漆刻、玉刻、瓷刻、木刻、石刻、竹刻。在建筑中常用的三类雕刻为木雕、砖雕、石雕，砖雕是扬州传统建筑的重要标志。三类雕刻在技法、工艺上各有特点，但题材和艺术风格上都有相同之处。扬州地区的民俗观念根深蒂固，有着悠久的传统，通过雕刻因素表达的观念，其题材取自自然形态的人物、山水、花草、禽鸟、走兽，其中都有吉祥寓意，如祈求生育、祈功成就、祈五福等。

二、图谱

组成吉祥图案的花类有：茶、梅、菊、荷、牡丹、萱花、玉簪等（图 1）；果类有：桃、李、柿子、石榴、葡萄、佛手、枇杷、橘子、荔枝、樱桃等（图 2）；草类有：书带草、万年青和杂草（图 3）；虫鱼类有：蝴蝶、鲤鱼、鳌鱼等（图 4）；鸟兽类有：龙、凤、猫、鹿、仙鹤、鸳鸯、喜鹊、狮子、麒麟、绶带鸟及十二生肖等（图 5、图 6）。还有连续性的几何图案：回纹、卐（万）字、寿字、古钱、螭纹等（图 7）。还有八仙过海图，暗八仙有：汉钟离的扇、吕洞宾的剑、铁拐李的葫芦、曹国舅的玉板、蓝采和的花篮、张果老的渔鼓、韩湘子的笛子、何仙姑的荷花（图 8）。还有“八宝”，即为宝珠、方胜、玉磬、犀角、古钱、珊瑚、银锭、如意。有“八吉祥”，即轮、螺、伞、盖、花、罐、鱼、长等。

图 1　石榴雕刻图谱　　图 2　叶子雕刻图谱　　图 3　菊花雕刻图谱

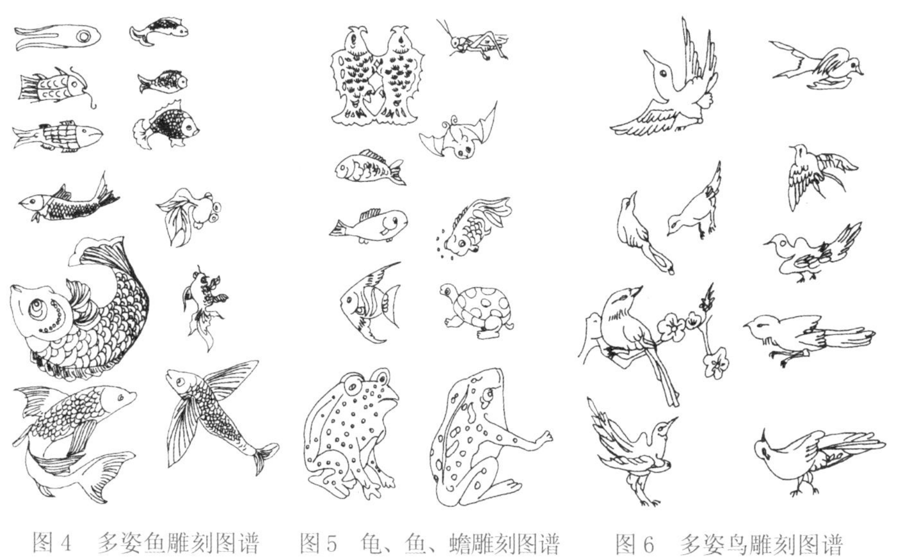

图 4　多姿鱼雕刻图谱　　图 5　龟、鱼、蟾雕刻图谱　　图 6　多姿鸟雕刻图谱

图 7　寿字图　　图 8　暗八仙雕刻图谱

雕刻由花、草、虫、兽等组成，寓意吉祥，如莲花、桂花寓意连

生贵子，石榴、蝙蝠寓意多子多福，枣枝、栗子寓意早立子，枣枝、桂圆寓意早生贵子，蝙蝠、寿字、如意寓意福寿如意，蝙蝠、仙鹤、梅花鹿寓意福禄寿，寿桃、蝙蝠寓意福寿双全，天竺、水仙寓意天仙祝寿，石磬、绦结和双鱼合寓意吉庆有余，万年青、花瓶寓意万年太平，狮子盘球寓意好事在后头，喜鹊登梅寓意喜上眉梢。梅、兰、竹、菊等能够表达文人志趣的图案纹样也常常用于装饰门面，附庸风雅。还有白鹭、莲蓬和莲叶寓意一路连科，雄鸡与牡丹寓意功名富贵，荔枝、桂圆、核桃各三颗寓意连中三元，兰花、灵芝和礁石寓意君子之交，松、竹、梅寓意岁寒三友，松树、菊花寓意松菊延年。表达祈福的还有五只蝙蝠围绕寿字寓意五福捧寿，水仙和寿石或水仙与松树寓意群仙祝寿，蝙蝠、桃子和两枚铜钱寓意福寿双全及双钱，凤与牡丹寓意富贵吉祥，二龙戏珠寓意太平丰年。还有僧人寒山、拾得“和合二圣”，一仙捧荷、一仙捧盒题为“和合图”，八仙与寿星在一起组成“八仙庆寿”的吉祥画。还有戏曲人物、现实生活场景，如渔樵耕读、僧人打坐等，可以说扬州地区的雕刻题材丰富多彩（图 9）。

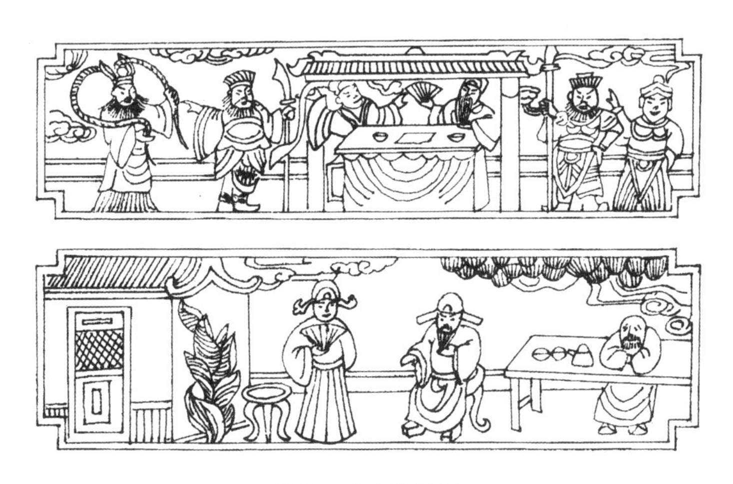

图 9　戏曲镶板图

三、三雕工艺

（一）砖雕技法

砖雕技法与木雕大致相同。一是浅雕，即在一个材料的平面上进行图案雕刻，通过各种线条表达题材，通常以花草等纹样为主；二是浮雕，在一个平面上雕刻，按线条和块面凸凹程度的不同，又分为浅浮雕、深浮雕和高浮雕，这种技法适用于表现戏剧题材。还有透雕手法，它可将纹样雕刻得细致、多层次，以增加作品的透视感和立体感。雕刻技艺主要有窑前雕刻和窑后雕刻，扬州大多数是窑后雕刻，窑后雕刻对工匠的技术要求比较高，工艺精致，造型明朗（图 10 ～图 13）。

图 10　四岸公所大门

图 11　砖雕（一）

图 12　砖雕（二）

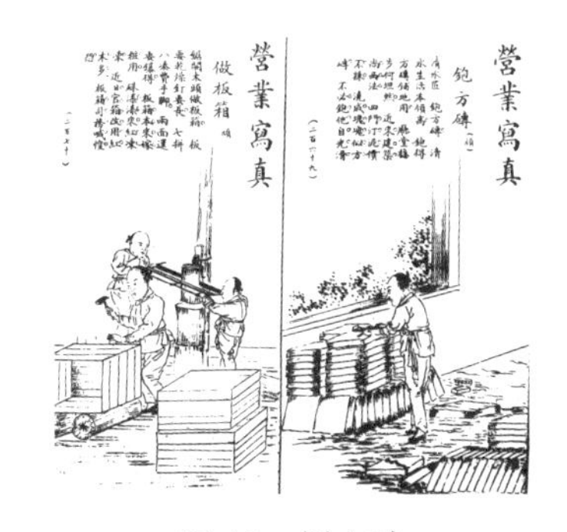

图 13　刨方砖

砖雕的图案纹样非常丰富，题材种类繁多，大致可分为：神祀、人物、祥禽、瑞兽、花草、山水、器物、锦纹以及字符。人们在设计砖雕和选用题材时，经常采用谐音、隐喻、借代、比拟等表现手法。

（二）木雕技法

扬州园林中木雕分为大木雕刻和小木雕刻两类，其技法一样，应用比较广泛的是以线面结合来表现物象形体的雕刻技法。雕刻二字，雕是雕，刻是刻。刻为线条文章，雕分带底实雕、浅雕、深雕、浅浮雕、深浮雕。透空雕即用钢丝锯空再雕，又分浅浮雕、深浮雕。深浮雕即高浮雕，高到极致又称半圆雕。圆雕与浮雕是两码事，两种手法（图 14 ~ 图 16）。

图 14　雕匠操作图

图 15　长窗扇中的木雕

浮雕，主要分为薄浮雕、浅浮雕和深浮雕。薄浮雕是以线为主，以面为辅，雕刻深度在 10 毫米以内，以线带面，需要严谨的艺术功底，体现其立体感，适用于构图简约、层次不多的稿样。浅浮雕应用比较广泛，一般雕刻深度为 15 毫米左右，以面为主，深浅结合，以疏衬密，层次一般在三层，先深后浅，立体感仍需功力深厚才能充分体现。深浮雕，雕刻深度一般不低于 20 毫米，往往采用圆雕手法，层次分明，立体感强，艺术效果逼真。

透空雕，一种以钢丝锯锯空后再进行正反面雕刻的技法，板料在 40 毫米厚左右，既要透空深雕，又要玲珑剔透，既要平整牢固，又要布景合理、疏密有致、工艺精湛。

阴雕，又称“皮雕”，是以“凹”的形式来表现的，以刀代笔，深度在 5 毫米以内。扬州漆器用品常用此手法，效果类似于国画写意。

扬州地区木雕刻的题材丰富，雕刻内容为主体思想服务，为提升作品的文化品位服务，具有较高的文化性、趣味性、艺术性、装饰性、实用性，学问很深。佳作之成（图 17），要修炼多年，刻苦钻研，细心揣摩，潜心研究。本人一直总结雕刻，学无止境。

图 16　小木作做工图

图 17　逸圃木天花

（三）石雕技法

石雕的技法有平雕、浮雕（分高浮雕、浅浮雕）、透雕、圆雕。

平雕又称平活，它包括“阴活”“阳活”，用凸线表现图案花纹的称为“阳活”，用凹线表现图案花纹的称为“阴活”。平活的做法，适宜简单的题材，可直接将图案画在石料的面上，图案复杂的可以先用谱子画出纹样，再用錾子沿图案凿出浅浅的小沟，这道工序简称“小穿”。阳活则把线条以外的部分刻下去，并用凿子将其铲光。阴活则用錾子沿凿出的图样进一步把图纹雕刻清楚，最后进行全面修整。

浮雕，又称“凿活”，浅浮雕称为“浅活”，高浮雕称为“深活”。它的加工程序，也是先根据题材画谱子，再将图案画在较厚的纸上，即用针沿着画好的图案在纸上扎出许多针眼，然后将纸贴在石面上，用棉花团蘸红土粉等色料在针眼的位置上不断地拍打，使图案的痕迹留在石材的表面，然后用錾子沿着线条“穿”一遍，即可开始雕刻了。当图案高低差别较大时，一般先雕高处的，后雕低处的。通常先根据“穿”出的图案把要雕刻的纹样雏形凿出来，叫“打糙”，然后用笔将图案的局部如植物的花瓣、人物的脸部和毛发、动物的羽毛等画出来，再用錾子和凿子加工细部，最后检查整体雕刻图案的缺失，进行修整。

透雕，又称“透活”，是指比浮雕活更真实、立体感更强的透视效

研究·实践·欣赏 丛论

果的雕刻。它的操作工艺和浮雕基本相似，但层次较多，需多次画谱，凿刻程序要分层进行。

圆雕，又称“圆身”，是一种立体雕刻。雕刻手法和程序，一般是打出坯子,根据雕刻图样凿出图样轮廓。然后根据雕刻图样的部位比例，画出大体的轮廓，再凿出大致的形体，即对需要挖空的地方进行勾画并雕空挖掉，接着再打细，在大致的形体基础上将细部线条全部勾画出来，并雕刻清楚，最后一步，用磨石、剁斧或铲子将需要修理的地方修整干净。粗凿应从上部向下部操作，细部一般随画随凿。

民间的石雕创作有广泛的题材，它与民间匠人的雕刻技艺相关，题材都是广大百姓在生活中总结出的，反映的是思想意识、价值观念、审美情趣和习俗习惯。归纳起来可分为：传统故事、山水风景、祥禽瑞兽、仙花芝草、吉祥符号和文字等（图 18 ～图 21）。

图 18　石栏杆

图 19　门枕石

图 20　柱础雕刻

图 21　刻石图

除上述三雕以外，扬州泥塑艺术也极富特色。

泥塑是用普通的砖瓦砌出大致的轮廓，再用灰浆抹出更进一步的轮廓，以便用抹刀按照图样进行修剪，制作所需的造型，亦称“软刀”，苏州称为“水作”，也称“堆塑”。泥塑的主要材料为石灰膏、细低筋、粗筋、麻丝、钢丝，所使用的工具与抹灰相同，相对小而精一点。泥塑的运用也比较广泛，有民居泥塑、宗教泥塑、园林泥塑。其中民居泥塑主要为屋脊头、屋中堂、垛头；宗教泥塑主要是佛像；园林泥塑主要为艺术品等。泥塑的题材基本同砖雕、石雕、木雕相近，通常为宗教人物，福、禄、寿、喜、财，屋脊主要有“三星高照”“松鹤延年”“龙凤呈祥”等。大型的泥塑主要工序是先扎骨架，传统做法用木材、砖石，现在用铁件、钢筋，然后按照图样先绑扎或刮草坯、细塑、压光、做色，在用料与做工方面，越发精细，以体现生动逼真的效果，同时还注意耐久性（图 22）。

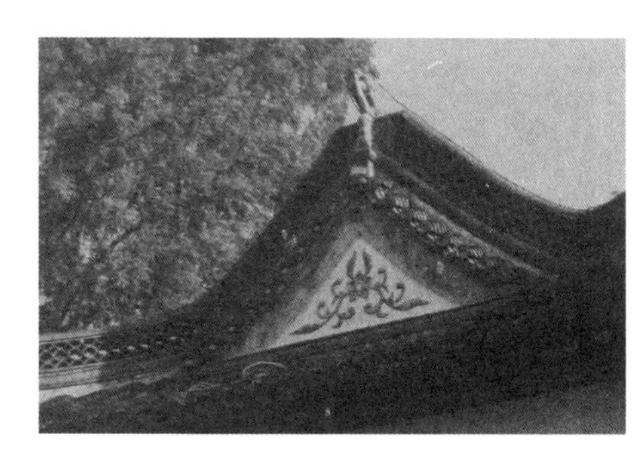

图 22　歇山面泥塑

（本文为 2015 年在合肥召开的中国风景园林学会优秀项目经理表彰会上的演讲交流材料）

扬州古典园林植物造景特色

植物是中国古典园林中造景的重要元素，而扬州古典园林作为江南园林的代表之一，植物景观营造具有较高的造诣，是中国传统文化的载体之一。自古以来，扬州既是一座绿杨城郭，又是一座以琼花、芍药为代表的花城。“扬州园林甲天下”，不仅表现在其精湛的建筑技艺，还表现在其植物造景中艺术性运用高超，造园立意深远，季相色彩丰富，植物景观饱满，轮廓线变化有致等方面（图 1）。

图 1　江南园林胜景图

扬州位于长江之北，京杭大运河穿过城区，气候温和，雨量充沛，年平均温度为 15.8℃，最高温度 38.2℃，最低温度 –5℃，年平均降雨量为 1300mm。春秋气候宜人，四季分明，土质肥沃，物产丰富，人文荟萃。明清以来，城郭内外兴建了大小园林多处。东部曹王，北部堡城，自古盛产花木（图 2），为园林植物配置提供了丰富的资源。扬州的植物名品有“柳”“竹”“银杏”“芍药”“琼花”等。因此，1985 年，扬州公布“柳树”“银杏”为市树，1985 年公布“琼花”为扬州市花，2005 年公布“芍药”为扬州市花（图 3 ～图 7）。

图 2　卖花人

图 3　柳

图 4　竹

图 5　银杏

图 6　芍药

图 7　琼花

一、造景植物资源

扬州自然条件优越，可用造园植物素材较多，常用的树木、花卉和藤本、水生植物丰富。蜀冈的植物都在百余种，私家园林植物种类在30种左右。植物主要适用当地传统的观赏性种类，一是可提高其成活率，二则体现地方特色（图8）。

图8 蜀冈植物景色

扬州古典园林中，常用乔木，常绿的有罗汉松、白皮松、马尾松、圆柏、柳杉、香樟、黄杨、女贞；落叶的有梧桐、银杏、榆树、朴树、榉树、槐树、木绣球等。观花类有山茶、桂花、广玉兰、杜鹃、金丝桃；落叶的有牡丹、芍药、琼花、月季、玉兰、梅、桃、杏、李、海棠、紫薇、丁香、迎春等。观果类，常绿的有枇杷、橘子、南天竹；落叶的有石榴、柿、无花果、枸杞等。观叶类有枫香、银杏、红叶李、南天竹、红枫等。藤蔓类有常春藤、紫藤、凌霄、地锦、葡萄等。竹类的品种很多，主要有金镶碧玉竹、斑竹、紫竹、红竹、罗汉竹、黄皮刚竹、菲白竹、螺节竹、龟甲竹、孝顺竹等。草本常用的有芭蕉、芍药、菊花、萱草、书带草等。水生植物有荷花、睡莲、芦苇等。

二、植物观赏特性

扬州古典园林中观赏植物分为观花类、观果类、观叶类，各种花木的生长、开花、凋谢反映了自然界季节和时令的变化，对园林四季景色的变化有很大的影响，无论是“城市山林”还是“湖上园林”都十分注重季相的特点（图 9、图 10）。园内春有樱花、桃花、杜鹃、牡丹、芍药、琼花、玉兰，夏有荷花、石榴、睡莲、紫藤，秋有菊花、桂花、红枫、金色银杏，冬有蜡梅、松柏，一年四季园景盛变。同时强调乔木、灌木及藤本、花卉的合理配置，在有限的空间中营造出生态效应，“小气候”与其他造园元素构建“天人合一”的立体画面。

图 9　春景

图 10　冬景

三、植物艺术营造

扬州古典园林植物配置的素材，广为使用乡土品种及与传统文化相关的观赏类植物，注重在建筑与山水间师法自然、成景入画，主要配置方式采用孤植、点植、丛植或群植，以渲染气氛，其植物布局如下：

（一）植物与建筑配合

园林建筑旁布置植物，都是与建筑配合成景，选择树种要注意造型与建筑构图美观，丰富立面。建筑前后布置植物，一般选用色香味类的观赏性景观树种，并与建筑保持一定的距离，与建筑物的窗构成框景艺术，坐在室内，透过窗框欣赏窗外的植物，俨然一幅生动的画面。园内墙上的门洞，起到分隔空间的作用，也往往以门为框景，通过植物配置，与路、山石等进行艺术构图，不但可以入画，而且可以扩大视野，延伸视线。在建筑角落布置观花、观果、观叶类植物或丛植，与亭廊的空间组合，使所有建筑融入自然之中，富有雅意（图 11、图 12）。

图 11　何园框景

图 12　何园山景

（二）植物与山石配合

主要与假山配合，湖石山，为了显示山石峭拔，树木数量和层次应较少，山旁种植多，灌木少植，山中选择古朴的松柏类，与黄山石配合。除松柏外，还要注意色彩与假山相近，与石峰和石笋的配置力求入画，如竹子、芭蕉等。还有土包石，多用较高的落叶树和较矮的常绿树错综配置（图 13、图 14）。

图 13　个园丛书楼植物景致

图 14　个园秋景

（三）植物与水岸构景

植物与水岸构景对于丰富水面的个体姿态构图，获得“小中见大”的效果，起着重要作用。水岸配置以柳为主，还有桃柳间隔，在扬州湖上园林有较多体现，形成植物、形体、色调互相交接，产生有节奏的对比。城市宅园中则以点植为主，丰富景面。与水岸亭、桥、石组合，一般点植乔木，树冠及虬枝向水面，侧影生动，颇具画意。在叠石驳岸上，配以少许灌木以达到景观衬托的扩展效果，若配植紫藤、地锦等，则使得高于水面的驳岸略显悬崖野趣（图 15、图 16）。

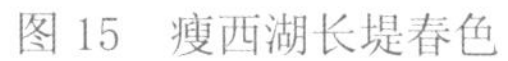
图 15　瘦西湖长堤春色

图 16　双峰云栈

四、植物文化寓意

扬州古典园林中的植物种植，多数根据主人的喜好选择品种，所有的园子都栽有名花，植有名木，以花木命名的园子也不在少数，如双槐园、百尺梧桐阁、双桐书屋、梅庄、万柳堂、万松叠翠、长堤春柳等；以竹命名的个园、北竹居、筱园等；以花木命名的厅堂如何园牡丹厅、个园桂花厅、锦泉花屿的“慕竹轩”等。季相变化常给人以景观常改、耳目常新之感，且还能赋之以诗情画意（图 17）。

图 17　何园东入口植物造景

扬州古典园林中作为主人意识形态外在体现的园林植物景观，不仅是植物色彩、姿态、香味等会引起感观愉悦，同时植物还被赋予一定的文化象征内涵。一是植物与吉祥语的谐音寓意，如桂（贵）、竹（祝）、荷（合、和）、槐（怀）、莲（连）等，另外还用槐树代表“禄”，大庭园中常植槐树。梅花因有五瓣被认为是有五个吉祥神，常有“梅开五福”图。月季因四季常开而视为祥瑞，有“四季平安”的意蕴。松柏因四季常青寓意长寿。牡丹被视为“富贵花”，常与玉兰、海棠、桂花搭配在一起，寓意“金玉满堂”。二是植物的秉性被赋予不同的品格，如“松、竹、梅、菊”因高风亮节被誉为“四君子”，其中松、竹、梅又因其耐寒而被誉为“岁寒三友”。三是植物的象征寓意也存在一些人们所忌讳的方面，院子门前不用“桑”，大门前不种桃，后门不种桑树，主院内不种大树，“大树通轩，疾病连绵”，俗谓之“阳气不通、阴气升腾，吉利不至也”，禁种“桉树”，视为“凶兆”之树，等等。从植物种植方位上来看，清高见南《相宅经纂》:“东种桃柳，西种栀榆，南种梅枣，北种奈杏。”植物的长势也很重要，体现地气，一般阳光之地植牡丹、桂花、山茶及果类，阴处植女贞、竹类等耐寒植物。“青松郁郁竹漪漪，色光容容好住基”就是这个道理，显然是符合风水之说，但却颇有科学道理（图 18）。

图 18　个园冬景

扬州古典园林的植物配置，注重与建筑的衬托，与山石的配合，与水岸成景，观赏中色香味的体现，创造了自然的山水环境。通过植物配置，充分体现了园主及造园家所创造的乡土风格、传统观念、人文精神、生态习俗、季相变化以及文化寓意，彰显出其自身的个性及风格鲜明的扬州特色（图 19）。

图 19　个园夏景

（本文为 2017 年世界绿色设计论坛扬州峰会上的发言报告材料）

解读扬州小玲珑山馆

江苏省扬州市人民政府为了振兴、弘扬中华民族传统文化，于2005年做出了对古城保护、利用和复兴的决策，并迅速组织实施了中国十大名街之一的东关街及周边宅园的修复（图1）。当你走近车水马龙的东关街南薛家巷西，漫步到复原后的街南书屋的东南隅，一片葱郁的林木掩映着亭台楼阁，粉墙黛瓦间传来鸟语花香，这俨然是城市里的山林，通过人工与自然融合营造而成的人间仙境，这便是扬州2013年落成的“小玲珑山馆”，堪称传承南北园林文化艺术发展的典范。

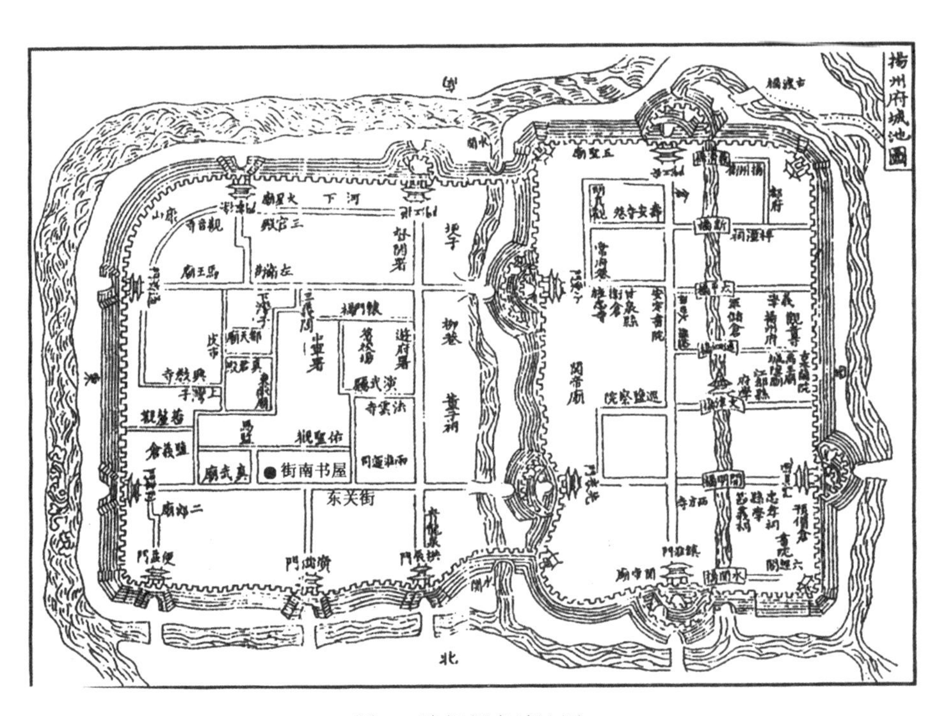

图1　清扬州府城池图

一、引言

扬州东关街中段，雍正、乾隆年间南侧有街南书屋，属于盐商马曰琯、马曰璐兄弟宅园。宅园有著名的“小玲珑山馆”及其十二景（图2），其价值不仅在于它是盐商遗迹，更重要的是，它是当年全国一流的民间书院，是当时扬州儒家人士聚集、藏书、讲学、书画、游憩之所，代言了当时最前沿的思潮。“小玲珑山馆”园林，作为这种前沿文化的物质承载体，为满足其功能需求和审美意境，将宅园园林艺术创作变得富有诗情画意，升华到别具一格的园林风格。虽然园已无存，但其作为宅园与书院园林结合的佳作，一直深深地影响着扬州园林艺术的发展。

二、旧园考究

可查到有街南书屋记载的资料，主要有马曰璐的《小玲珑山馆图记》（图2）、《街南书屋十二咏》、董玉书《芜城怀旧录》、嘉庆重修《扬州府志》、《韩江雅集》、胡期恒等十五人《重修移梅歌》、李斗《扬州画舫录》、徐用锡《看山楼记》、全祖望《丛书楼记》、阮元《广陵诗事》、朱江《扬州园林品赏录》等，其中，最为翔实的应该是《小玲珑山馆图记》（图3）和《街南书屋十二咏》。

图2 《小玲珑山馆图记》旧图（一）

图3 《小玲珑山馆图记》旧图（二）

（一）马氏兄弟及他人

马曰琯（1687—1755 年），字秋玉，号嶰谷，安徽祁门人，后迁江苏扬州。清代著名盐商、藏书家，为清代前期扬州徽商的代表人物之一，与弟马曰璐同以诗名，人称“扬州二马”。乾隆初举鸿博，不就，好结客，所居园小玲珑山馆藏书甚富，四库全书馆设立之时，私人献书七百余种，为全国之冠。著有《沙河逸老集》10 卷和《嶰谷词》1 卷。

马曰璐（1701—1761 年）清代诗人，字佩兮，号南斋、半槎道人，安徽祁门人。国子生，候选知州，乾隆元年丙辰（1736 年）与其兄马曰琯并荐博学鸿词，不就，名重一时。好学、工诗、喜结客，一如其兄。家有小玲珑山馆，富藏书，常与名士作诗画之会。著有文集 6 卷、词 2 卷，合为《南斋集》刊行。

厉鹗(1692—1752 年)，字太鸿，又字雄飞，号樊榭，别署南湖花隐、西溪渔者，钱塘(今杭州)人。康熙五十九年举人，乾隆元年举博学鸿词，报罢。毕生以设馆授徒为业。乾隆间，馆于扬州马曰琯家多年，遍览马氏藏书，编纂《宋诗纪事》一百卷。

（二）《小玲珑山馆图记》——马曰璐

扬州古广陵郡，女牛之分野，江淮所汇流，物产丰富，舟车交驰，其险要扼南北之冲，其往来为商贾所萃，顾城仅一县治，即今之所谓旧城也。自明嘉靖间以防倭，故拓而大之。是以城式长方，其所增者又即近今之所谓新城也。

余家自新安侨居是邦，房屋湫隘，尘市喧繁，余兄弟拟卜筑别墅，以为扫榻留宾之所。近于所居之街南，得隙地废园，地虽近市，雅无尘俗之嚣，远仅隔街，颇适往还之便。竹木幽深，芰其丛荟，而菁华毕露，楼台点缀，丽以花草，则景色胥妍。于是，东眺蕃釐观之层楼高耸，秋萤与磷火争光；西瞻谢安宅之双桧犹存，华屋与山邱致慨；南闻梵觉之晨钟，俗心俱净；北访梅岭之荒戍，碧血永藏。以古今胜衰之迹，佐宾主杯酒之欢。余辈得此，亦贫儿暴富矣。于是鸠工匠，兴土木，竹头木屑，几费经营，掘井引泉，不嫌琐碎，从事其间，三年有成。中有楼二：一为看山远瞩之资，登之则对江诸山，约略可数；一为藏书涉猎之所，登之则历代丛书，勘校自娱。有轩二：一曰透风披襟，纳凉处也；一曰透月把酒，顾影处也。一为红药阶，种芍药一畦，附之以浇药井，资灌溉也。一为梅寮，具朱绿数种，媵之以石屋，表洁清也。阁一，曰清响，周栽修竹以承露。庵一，曰藤花，中有老藤，如怪虬。有草亭一，旁列峰石七，各擅其奇，故名之曰七峰草亭。其四隅相通处，绕之以长廊，暇时小步其间，搜索诗肠，从事吟咏者也，因颜之曰觅句廊。将落成时，余方拟榜其门为街南书屋，适得太湖巨石，其美秀与真州之美人石相埒，其奇奥偕海宁之皱云石争雄，虽非娲皇炼补之遗，当亦宣和花纲之品。米老见之，将拜其下；巢民得之，必匿于庐。余不惜资财，不惮工力，运之而至。甫谋位置其中，藉作他山之助，遂定其名小玲珑山馆。适弥伽居士张君过此，挽留绘图。只以石身较岑楼尤高，比邻惑风水之说，颇欲尼之。余兄弟卜邻于此，殊不欲以游目之奇峰，致德邻之缺望。故馆既因石而得名，图以绘，石之矗立，而石犹偃卧，以待将来。若诸葛之高卧隆中，似希夷之蛰隐少室，余因之有感焉。夫物之显晦，犹人之行藏也。他年三顾崇而南阳兴，五雷震而西华显，指顾间事，请以斯言为息壤也可，图成，遂为之记（图4，图5）。

图4　砖雕《研磨》

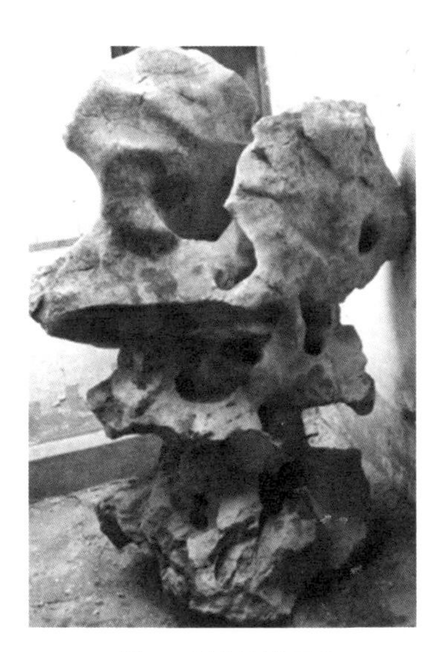

图5　“镇馆遗石”

（三）《街南书屋十二咏》

扬州《画舫录》记云：马主政曰琯，字秋玉，号嶰谷，祁门诸生，居扬州新城东关街。弟曰璐，字佩兮，号半槎，工诗，与兄齐名，时称“扬州二马”，举博学鸿词（科试）不就。佩兮于所居对门筑别墅，曰“街南书屋”，又曰“小玲珑山馆”。（园）有看山楼、红药阶、透风透月两明轩、七峰草堂、清响阁、藤花书屋、丛书楼、觅句廊、浇药井、梅寮诸胜（图 6~ 图 17）。其十二咏有以下四种版本：

1. 马曰琯的《沙河逸老小稿》卷一中《街南书屋十二咏》

小玲珑山馆

虚庭宿莽[①]深，开径手芟翦[②]。会[③]有云壑[④]人，时来踏苍藓。

（注释：①宿莽：经冬不死的草。②芟翦：亦作“芟剪”，修剪。③会：应当。④云壑：云气遮覆的山谷。）

图 6　小玲珑山馆

看山楼

我有山中心，不得山中宿。爱此两三峰，凭栏肆遥瞩。

红药阶

绮钱[①]晴日丽，粉缬苔花侵。春去亦等闲，鬓丝吹上簪。

（注释：①绮钱：青苔的美称。青苔形似钱，故称。）

图7　看山楼

图8　红药阶

透风透月两明轩

摩园老人[①]语，借似颜吾轩[②]。弹琴复解带，此意谁为传。

（注释：①摩园老人：唐代著名诗人王维，字摩诘，号摩诘居士。②借似颜吾轩：此轩之名出于王维《酬张少府》，诗中有“山风吹解带，明月照弹琴”语，轩名取其诗意。）

石屋

洞中若有室，片云入我怀。长松覆阴窦[①]，烟萝[②]褰[③]阳崖[④]。

（注释：①阴窦：水道。②烟萝：草树茂密，烟聚萝缠。③褰：揭开。④阳崖：向阳的山崖。）

清响阁

疑游水乐洞，石激波潆洄[1]。启窗无所有，海桐[2]花乱开。

（注释：①潆洄：水流回旋的样子。②海桐：海桐花属，常绿灌木或小乔木，花白色，有芳香。）

藤花庵

垂垂紫璎珞[1]，可玩复可摘。摘以供清斋[2]，玩之比薝蔔[3]。

（注释：①璎珞：此处指璎珞藤，其子粒形似璎珞，故名。②清斋：清净之室。③薝蔔：又作“薝卜”，一种白色的花，类似楞。）

丛书楼

下规百弓[1]地，上蓄千载文。他年亲散帙[2]，惆怅岂无人。

（注释：①百弓：五百尺。弓，丈量土地的计算单位，每弓合营造尺五尺。亦借指百弓土地。②散帙：打开书帙。此处指读书。）

觅句廊

长廊敛夕曛[1]，味甘思益苦。起予者寒虫，唧唧墙根语。

（注释：①夕曛：落日的余晖。）

浇药井

井上二杨柳，掩映同翠幕，空瓶响石栏，寒泉溅芒屩[1]。

（注释：①芒屩：草鞋。）

七峰草亭

七峰七丈人，不巾亦不袜。偃蹇[1]立筼筜[2]，清冷逼毛发。

（注释：①偃蹇：高耸。②筼筜：陕西洋县筼筜谷所产之竹。）

梅寮

瘦竹窗棂青，寒梅屋角白。雏鹤小褵褷[1]，约略见风格。

（注释：①褵褷：羽毛刚刚长出的样子。）

2. 马曰璐的《南斋集》卷一《街南书屋十二咏》

小玲珑山馆

爱此一拳石[1]，置之在庭角。如见天地初，游心到庐霍[2]。

（注释：①拳石：园林假山。②庐霍：庐山、霍山的并称。）

看山楼

隐隐江南山，遥隔几重树。山云知我闲，时来入窗户。

红药阶

孤花开春余[①]，韶光[②]亦暂勒。宁藉青油幕，徒夸好颜色。

（注释：①春余：春天将尽未尽之时。②韶光：美好的时光。）

觅句廊

诗情渺何许，有句在空际。寂寂无人声，林阴正摇曳。

图 9　觅句廊

石屋

嵌空藏阴崖，不知有三伏。苍松吟天风，静听疑飞瀑。

图 10　石屋

透风透月两明轩

好风来无时，明月亦东上。延玩夜将阑，披襟坐闲敞。

图 11　透风透月两明轩

藤花庵

何来紫丝障，侵晓[①]烟濛濛。忘言独立久，人在吹香中。

（注释：①侵晓：天色渐明之时，拂晓。）

浇药井

井华清且甘，灵苗待洒沃。连筒[①]及春葩，亦溉不材木。

（注释：①连筒：以竹筒缚于水车，旋转而引水。）

梅寮

瘦梅具高格，况与竹掩映。孤兴入寒香，人闲总清境。

七峰草亭

七峰七丈人，离立在竹外。有时入我梦，一一曳仙佩。

丛书楼

卷帙不厌多，所重先皇坟[①]。惜哉饱白蟫[②]，抚弄长欣欣。

（注释：①皇坟：传说三皇时代的典籍。②蟫：蠹虫。）

清响阁

林间鸟不鸣，何处发清响。携琴石上弹，悠然动遐想。

3. 厉鹗《樊榭山房集》卷六《题秋玉、佩兮街南书屋十二首》

小玲珑山馆

凿翠架檐楹，虚敞宜晏坐[①]。题作小玲珑，孰能为之大?

（注释：①晏坐：闲坐。）

丛书楼

世士昧[①]讨源[②]，泛滥穷百氏[③]。君家建斯楼，必自巢经始。

自注：楼中藏书甚夥，近更广收经义，补所未备。

（注释：①昧：糊涂。②讨源：也作“讨原”，探本溯源。③百氏：诸子百家。）

透风透月两明轩

前后风直入，东西月横陈。主既如谢谌[①]，客合思许询[②]。

（注释：①谢谌：人名。《南史·谢谌传》曰：“入我室者，但有清风；对我饮者，惟当明月。”②许询：人名。东晋文学家，善析玄理，是当时清谈家的领袖之一。）

觅句廊

步檐何逶迤[①]，昼静无剥啄[②]。好句忽圆时，花阴转斜桷[③]。

（注释：①逶迤：蜿蜒曲折。②剥啄：象声词。③桷：方形的椽子，此处指平直如桷的树枝。）

红药阶

种从亳州[①]移，不是刘郎谱[②]。春风一尺红，阶前晕交午。

（注释：①亳州：地名。盛产芍药。②刘郎：指刘攽。北宋史学家，有《芍药谱》。）

石屋

䆗豁[①]似天造，华阳南便门。寻仙恐迷路，不敢蹑[②]云根。

（注释：①䆗豁：开阔。②蹑：追踪。）

看山楼

青山复何在，烟雨晦平陆。待得晚秋晴，徒倚阑干曲。

七峰草亭

青峭落窗中，翛翛[①]竹风举。悠然欲揖之，恍见林下侣。

（注释：①翛翛：清凉。）

梅寮

绕舍玉梢发，嫩寒先起探。绝胜尘土客，落月梦江南。

图 12　梅寮

清响阁

横琴小阁闲，希声[①]寄弦指。萧寥[②]不可名，松风乱流水。(注释：①希声：极微细的声音。②萧寥：寂寞冷落。)

图 13　清响阁

浇药井

久视托灵苗[①]，仰流资灌溉。际晓[②]辘轳[③]声，众芳欣所在。

（注释：①灵苗：珍奇美观的植物。②际晓：黎明。③辘轳：一种提水设施。）

图 14　浇药井

藤花庵

依格青条上，垂檐紫萼[①]斜。天然妙香色，合[②]是佛前花。

（注释：①紫萼：又称紫玉簪、紫萼玉簪，别名白背三七、玉棠花，属百合科玉簪属多年生草本植物。②合：应当。）

图 15　藤花庵

4. 陈章《孟晋斋诗集》卷三《街南书屋十二咏为马嶰谷半查昆季赋》

生卒年不详，雍乾间在世，字授衣，一字竹町，号绂斋。钱塘(今杭州)人，举博学鸿词，辞不就。后侨寓扬州，精诗。

小玲珑山馆

高馆何清幽，植此玲珑石。宛然桂林山，岩洞移咫尺。

看山楼

楼高万井中，风吹春雨霁[①]。正对五洲山，青青达摩髻。

（注释：①霁：雨雪停止，天放晴。）

藤花庵

老藤著新叶，诘曲[①]蟠修蛇。凉阴对僧坐，当面落残花。

（注释：①诘曲：曲折。）

透风透月两明轩

小轩虚其中，风月来自外。粲粲[①]见琴星，簌簌[②]鸣书带[③]。

（注释：①粲粲：鲜明。②簌簌：象声词。③书带：束书的带子。）

浇药井

种药如种田，灌溉在清夏。际晓辘轳声，轧轧[①]高梧下。

（注释：①轧轧：象声词。）

石屋

不瓦亦不茨[①]，依稀[②]善卷洞[③]。孤独宿秋宵，只结云山梦。

（注释：①茨：用茅或苇覆盖屋子。②依稀：类似。③善卷洞：位于宜兴的著名石灰岩溶洞。）

梅寮

簷端几树梅，风过寒香动。残雪滴斜阳，时有幽禽哢[①]。

（注释：①哢：鸟鸣。）

七峰草堂

我爱林间石，芙蓉面面开。故乡归未得，时到草亭来。

图 16　七峰草亭

红药阶

芍药枝阿娜[①]，翻阶映叶红。折来无可赠，聊用谑春风。

（注释：①阿娜：柔美的样子。）

觅句廊

修廊何缦[①]回[②]，主人觅诗处。诗成人不知，吟入竹中去。

（注释：①缦：一种无花纹的帛，用在这里是名词做状语，像绸带一样。②回：蜿蜒曲折。）

丛书楼

良书贮满楼，雠校[①]无疑迹。翻[②]笑邢子才[③]，思误以为适。

（注释：①雠校：校勘。②翻：反而。③邢子才：名邵，字子才。北魏人，记忆力强。）

图 17　丛书楼

根据上述资料的查阅，旧园位置位于东关街薛家巷西，住宅东偏，过程中场地上发现有一古井。20 世纪 60 年代初“破四旧”时，宅院旧址已空荡无物，发现残石上段，远至史公祠内，因此位置正确。关于建造年代，马氏二兄的年长分别为：马曰琯（1687—1755 年）、马曰璐（1701—1761 年），联系《图记》中“三年而成”的记载，以及专家论证，应该在雍正十年左右建造。

三、复原设计

（一）要素构成，全面继承

按照《图记》及《十二咏》，将图记中的看山楼、丛书楼、透风透

月两明轩、红药阶、梅寮、石屋、清响阁、藤花庵、七峰草亭、觅句廊、浇药井等构造要素，按照扬州园林的布局手法，以山水理法入手，在天人合一的思想影响下，既营造江南山水园及书院理想环境之特征，又结合扬州私家园林的各种造园技术手段及记载翔实的景观元素，通过有序的组合，构筑了集浓郁的私家园林与书院园林于一体的独特风格。

（二）空间布局，步移景异

记载中有丛书楼、看山楼、透风透月两明轩、梅寮、清响阁、觅句廊、七峰草亭等建筑。设计时注意建筑造型各异，体现妙在得体，精在体宜。建筑布局因地制宜，或置于山间，或造于山顶，或筑于池边，标高参差错落、构图虚实相间。各园林元素相互映衬，以营造意境为目标，强调融合的整体效果，使人进入园内处处成景，形成丰富多彩的景观画面，得到步移景变的艺术效果（图 18）。

图 18 鸟瞰图

（三）山水组合，宛自天开

“叠山理水”是扬州园林的基本手法之一，全园以水为中心，沿岸植树，水绕石曲，随形依势，将山水作为建筑物间的补充，在有限的空间内，模拟大自然的景色，通过加工、提炼以及各种叠石的方式，以获得更加自然的山林野趣，成功地将园内各种园林元素融合在一个完整的山林之中（图 19）。

图 19　效果图

（四）植物造景，因地制宜

以《图记》和《十二咏》等有关史料记载为基础，全园的乔木种植手法以自然态丛生为主，并借鉴中国画的构图技法，在选苗、种植过程中加以运用，注重与建筑的巧妙搭配以及景观的层次和季相的变化。种植以群植形式营造生态背景，孤植造景，细植配合山石，将水面以种养水生植物营造小湿地，体现乡息。

四、古园新意

《扬州画舫录》云：“佩兮于所居对门筑别墅曰‘街南书屋’，又曰‘小玲珑山馆’，有看山楼、红药阶、透风透月两明轩、七峰草堂、清响阁、藤花书屋、丛书楼、觅句廊、浇药井、梅寮诸胜。玲珑山馆后丛书前后二楼，藏书百橱。”

历经两百多年的风云变幻，街南书屋遗存极少，唯有两进老屋和一块镌有“玲珑山馆”字样的太湖石，侥幸存世。

2013 年原址复建，十二盛景得以再现，虽规模难追昔日，但风格依然如旧。当你进入东关街的街南书屋，转入东南方向，跨入一座朝东的砖砌月洞门，便来到小玲珑山馆（图 20）。

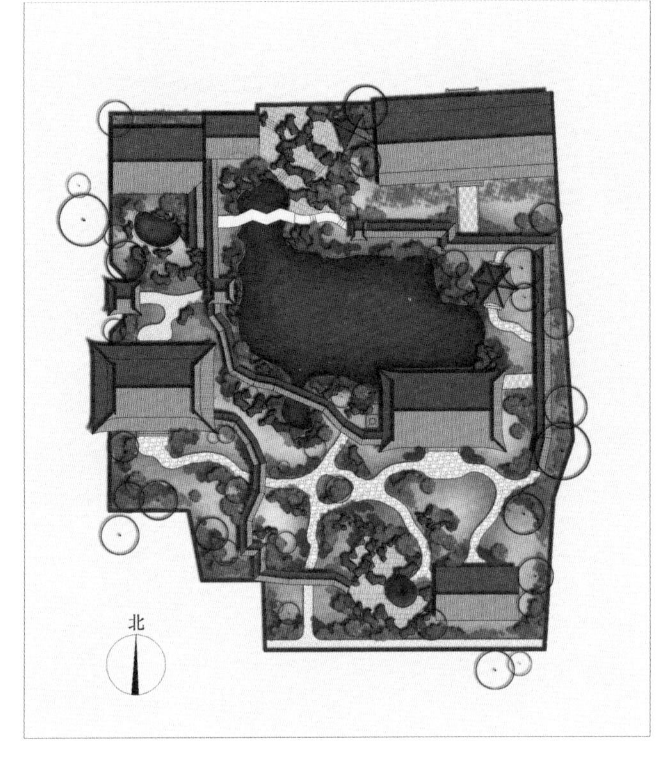

图 20　复原平面图

园中一泓清池，建筑高低错落，布置在河岸四周。步移景异，处处美景相随，楚楚动人。

入口迎面为四方廊亭，额曰觅句廊，似廊非廊，似亭非亭，单檐歇山，与南北廊道贯通。东柱下挂楹联：“置身百尺楼上，放眼万卷书中。”

循廊道北入，东向一道细磨砖砌长方门洞，内为藤花庵三楹所在。硬山马头墙高耸，青藤攀缘而上，“垂垂紫瓔珞，可玩复可摘”（马曰琯）。庵前池沼娇小，假山玲珑。当年该是拈香拜佛之地，如今已作他用。挂楹联：“细数落花因坐久，缓寻芳草得迟归。”

右出觅句廊，过三折石梁，南北景色迥异。迎面的廊端挂“明月山沧海，青天养片云”。北为湖石假山一区，山之巅，清响阁兀立，四角方亭，傲视群雄。挂集字对联：“室有古今乐，人同天地春。”

丛书楼与清响阁并肩，假山蹬道可直达二楼，有侧门直入。楼宇高畅，朝南七楹，硬山顶，雕花槅扇门窗，檐下带卷棚。廊下步柱挂今人撰书楹联：“学业醇儒富（杜甫）；文章大雅存（徐凝）。”袁枚诗云：“山馆玲珑水石清，邗江此处最知名。横陈图史常千架，供养文人过一生。”实乃当年真实写照。惜乎典籍已化为乌有，集藏书籍，尚待今后努力。

长亭绵延，单面空廊，随形而弯，依势而曲，或蟠山腰，或穷水际，通花渡壑，蜿蜒无尽，总称为觅句廊。它联络全园景点，又是游览路径指向。正如朱江《扬州园林品赏录》所说：“廊虽非园林主体建筑，也非园林必备建筑，但不失为园林的经络，又是园林的升华。有之则通，无之则断；有之则幽邃，无之则平淡。”从书楼前，曲廊再现，东北转角处，置六角待月亭，单檐攒顶尖。亭挂楹联为“琴将天籁合，慢卷良花浮。”

园水池的南岸，有临水的透风透月两明轩。是全园的中心建筑，典故南朝文人谢谌故事，此人自视甚高，谓：“入吾室者，但有清风；对吾饮者，惟当明月。”马曰琯自云：“摩诘老人语，借以颜吾轩。弹琴复解带，此意谁为传？”明轩四面设宽廊，明间前廊柱挂楹联：“疏影横斜水清浅，暗香浮动月黄昏。”宋诗人林逋七律《山园小梅》颔联。槅扇门的绦环板、裙板，浮雕精美，各色花卉摇曳生姿。站立轩中，回首观望水面，岸基湖石犬牙交错，柳树飘拂，清丽悦目。对岸华屋高耸，楼阁迭起，组成一幅明丽的山水画卷。

西南尽处有梅寮，三楹平屋，硬山观音兜。四周假山间，植以梅树，冬去春来，暗香浮动。湖石假山间有洞穴，疑似“石屋”，“嵌空藏阴崖，不知有三伏。苍松吟天风，静听疑飞瀑。”寮南挂匾与对联：“好风穿户牖，明月入簾栊。”

屋西假山突兀，奇峰异石，各擅其奇。山顶一园亭，亭顶茅草苫盖，名为“七峰草亭”。当年扬州八怪汪士慎在此居住多年，自号“七峰居士”。草堂以西，阶内遍地栽种红药，品种繁多，殿春时，芍药怒放，争奇斗艳，是曰：“红药阶”。灌园所需用水，出自跟前的“浇药井”，“井华清且甘，灵苗待洒沃。”

绕园内水面一周，回到入口处，南面高楼端在，为进门时所忽视。楼高两层，楼上楼下四面设宽廊。东廊底层嵌扬州八怪等人书法，恣肆汪洋，蔚为大观。檐下挂“看山楼”匾，今人大风书写，楼前南向对联：“近砌别等浇药井，临街新起看山楼。”唐姚合《提田将军宅》诗，今人朱福烓书。

那幸存的半截玲珑山石，终于回到“娘家”，成为复建后山馆的镇馆之宝，精心安置在见山楼底层中央厅堂内，上悬“巍然独存”匾，背景为小玲珑山馆图。

登楼观景，和风送爽，抚今追昔，怡然自乐。

五、结语

自古扬州就成为南北经济文化的枢纽。小玲珑山馆园林复原创作的特点，兼备了江南园林的清秀素雅和北方园林浑沉豪放的风格。此园的创作结合了自然地形的处理，以叠石、水体、植物、动物以及亭、台、楼、阁、廊、榭之类的景观建筑，砖、石、木雕等综合手段，结合植物色彩和季相变化，并以联匾、题刻的方式融入了诗文创作，从而浓缩了园林艺术的意境。这一创作既继承了传统，又富有创新地体现了扬州“城市山林”的特色，是弘扬中国古典园林“虽由人作，宛自天开”理念的传承作品。其营造哲理何处寻？尽在中国园林文化艺术中！（图21）

图21 小玲珑山馆鸟瞰图

（原载梁宝富编著《借古开今，匠心独运》文集）

扬州石壁流淙造园艺术

石壁流淙位于蜀冈瘦西湖二十四桥景区的北侧东岸，是乾隆年间扬州湖上园林中特色比较鲜明的一组景观，为盐商徐士业所建别墅的一部分（图 1），也是蜀冈瘦西湖二十四景之一，始建于清乾隆丁丑年间，乾隆曾题书：“柳堤系桂双，散步俗尘降。水色清依榻，竹声凉入窗。幽偏诚独擅，揽结喜无双。凭底静诸虑，试听石壁淙。”乙酉年间（1765年）又起名为“水竹居”，清代晚期，石壁流淙颓败于战乱。2007 年，中国工程院孟兆祯院士受邀主持在原址上复原方案设计。项目由扬州古典园林建设有限公司和扬州意匠轩园林古建筑营造股份有限公司共同承建，通过精心设计、精心施工，又使之呈现出历史的原貌，具有浓郁的自然山水意趣（图 2）。

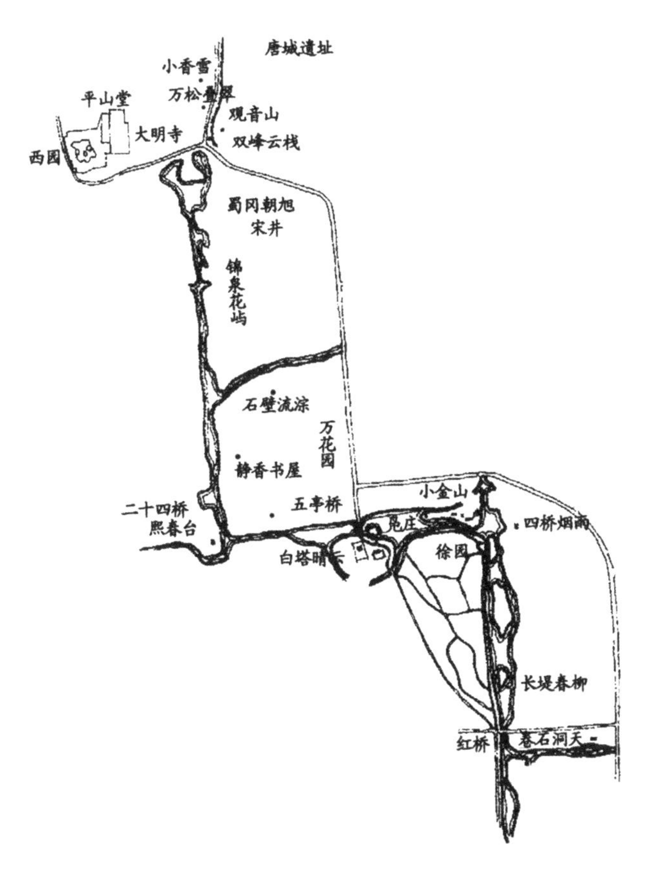

图 1　瘦西湖水系主要景点区位图

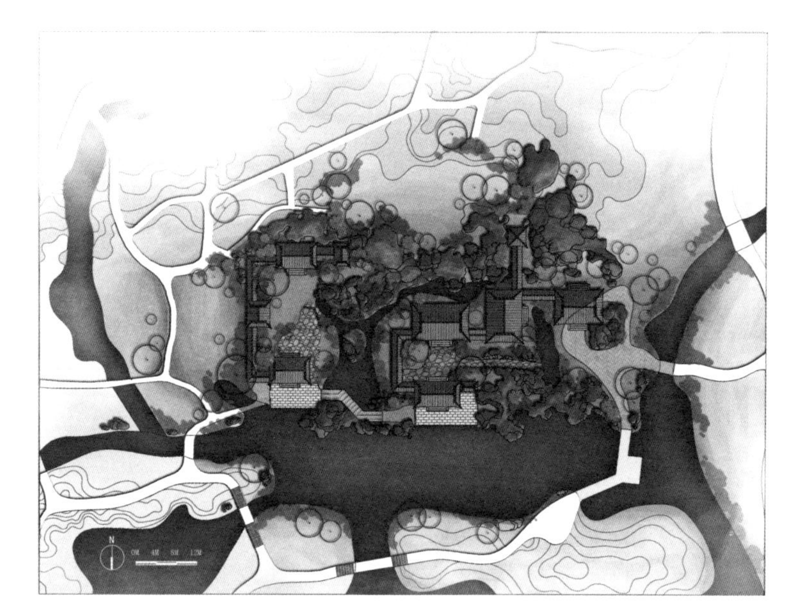

图 2　石壁流淙彩平图

一、史载考究

有关石壁流淙造园情景的资料叙述如下：

1.《扬州画舫录》卷十四记载："石壁流淙"，一名徐工，徐氏别墅也。乾隆乙酉，赐名"水竹居"……门内构清妍室，室后壁中有瀑入内夹河。过天然桥，出湖口，壁中有观音洞，小廊嵌石隙，如草蛇云龙，忽现忽隐，莳玉居藏其中。壁将竟，至阆风堂，壁复起折入丛碧山房，与霞外亭相上下；其下山路，尽为藤花占断矣。盖石壁之势，驰奔云矗，诡状变化，山榴海柏，以助其势，令游人攀跻弗知何从。如是里许，乃渐平易，因建碧云楼于壁之尽处，园内夹河亦于此出口。楼右筑小室四五间，赐名"静照轩"。轩后复构套房，诡制不可思拟，所谓"水竹居"也。

……

石壁流淙，以水石胜也。是园辇巧石，磊奇峰，潴泉水，飞出巅崖峻壁，而成碧淀红涔，此"石壁流淙"之胜也。先是土山蜿蜒，由半山亭曲径逶迤至此。

……

如意门中牡丹极高，花时可过墙而出。中筑清妍室，联云："露气暗连青桂苑（李商隐），春风新长紫兰芽（白居易）。"室右环以流水，跨木为渡，名"天然桥"。

……

自清妍室后，危崖绝壁，断齶相望。闯然而过，甫得平地，上建小室，额曰"莳玉居"。集杜联云："山月映石室，春星带草堂。"

……

静照轩东隅，有门狭束而入，得屋一间，可容二三人。壁间挂梅花道人山水长幅，推之则门也。门中又得屋一间，窗外多风竹声。中有小飞罩，罩中小棹，信手摸之而开，入竹间阁子。一窗翠雨，着须而凝，中置圆几，半嵌壁中。移几而入，虚室渐小，设竹榻，榻旁一架古书，缥缃零乱，近视之，乃西洋画也。由画中入，步步幽邃，扉开月入，纸响风来，中置小座，游人可憩，旁有小书厨，开之则门也……（图3）

图3 《扬州画舫录》中的插图

2.《平山堂图志》卷二记载：水竹居，奉宸苑卿徐士业园。乾隆三十年，皇上临幸，赐今名，又赐"水色清依榻，竹声凉入窗"一联，又赐"静照轩"三字额。园之景二，曰小方壶、"石壁流淙"。园在"白

塔晴云”之右，临河西向为水厅，厅左右曲廊。右通水中方亭，即小方壶也。左转，由曲廊过浮桥，北折，为厅，曰花潭竹屿。厅后为楼，供关帝像。楼右小廊西出，穿梅径，至静香书屋……

3.《乾隆南巡江苏名胜图集》记载：水竹居，乾隆三十年，皇上临幸赐名也。山石壁立，屈曲若展书屏。中有花潭竹峡。又玉兰数十本，环绕精舍，花时清辉照人，如在瑶林琼树间，颜曰“静照”，亦御题额也。循廊而西，巨石临水，上书“石壁流淙”四字，水由石罅落池中，悬流溅溅，冬夏不竭。其间为堂，为楼，为亭，为花嶋，曲折交午。最后万千净绿，一境拖蓝，水竹幽奇，于斯为最。如图4所示。

图4　选自《乾隆南巡江苏名胜图集》

4.《广陵名胜全图》（图5）

图5　选自《广陵名胜全图》

5.《江南园林胜景》（图 6）

录问：水竹居，旧称石壁流淙。奉宸苑卿徐士业园，其侄候选道徐骐甡、候选连同徐宥先后修葺。园前面河，后依石壁。水中沙屿可通者，曰“小方壶”。并石而起者，为“花潭竹屿”“时玉居”“静香书屋”“清妍室”“阆风堂”，最后为“曲室”。乾隆三十年（1765），皇上赐名“水竹居”。居后有轩，赐名“净照轩”，御书匾额。又赐“水色清依榻，竹声凉入窗”一联。又赐御临苏轼、巨然《海野图诗卷》一轴。

图 6　选自《江南园林胜景》

二、造园艺术

石壁流淙（图 7）坐落在瘦西湖北区东岸里侧，西邻静香书屋，东南为万花园区域及白塔晴云，有北枕蜀冈南倚湖水之势。外观大环境绿树成荫，园内景观以“水、石、竹”构成自然的山水立体画面。目前石壁流淙的用地范围，东西约 108 米，南北约 60 米，全长方形，占地约 10 亩，是原用地面积的三分之二，构建石壁流淙景观有：水体、黄石山、瀑布、建筑、植物五大元素，其中“瀑布、假石、建筑”占主导地位。在布局上临南引水，筑山坐北，随势呈形而增加景观层次，体现寄情山水，达到“源于自然，高于自然”的造园思想。

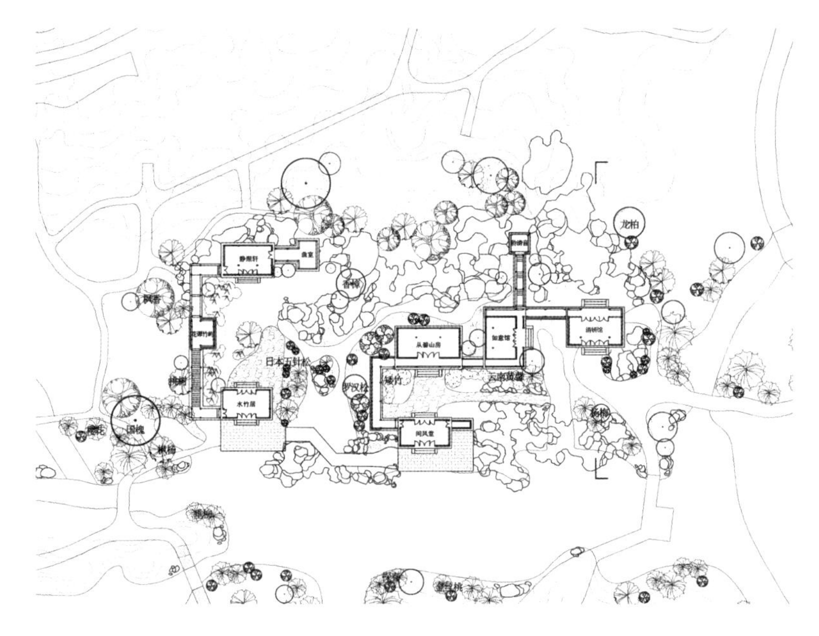

图 7　石壁流淙总平面图

（一）理水

水是大自然风景的重要内容，因而也成为造园的构成要素之一。石壁流淙园内外的水是由瘦西湖引入的活水，增加了造园的活力和生机，正如《园冶》所说："筑贵从水面，立基先究源头，疏源之去由，察水之来历。"因此石壁流淙的理水突出"活"字，利用瘦西湖引来的活水入园，通过技术手段使整个水与山体"动"起来，形成瀑布，突出景观的主题，为园内的理水创造了条件。

瀑布运用于场地中由黄石叠起而成的峡谷，用黄石环成了水潭，使水流汇聚在一起，由高向低冲击，形成瀑布，其悬瀑下落快如风，声如雷鸣，临水时水花向四面飞溅，颇有壮观之势。其理水成就了山水环境，在技术处理上，山体背面引水上山，给人的感觉似水源来自黄石大山后的蜀冈之水，且水在山前汇聚，又向坡间林下流去，蜿蜒曲折，激活了湖水巅崖，而成碧淀红涔。

石壁流淙理水充分利用湖水入园循环，用抑、扬、藏、露的对比手法，使湖与园水、瀑布与溪流交换配置，不但有小巧的庭水，也面对宽阔的湖面，同时，静中有动，动中有静，动静交替，韵律悠然。体现了湖与潭水之间的灵活互动，增加了景观的生机（图 8、图 9）。

图 8　石壁流淙水景（一）

图 9　石壁流淙水景（二）

（二）叠石

《论语》有“知者乐水，仁者乐山”的哲学思想的概述，而自然界的真山真水更富有天然景观的魅力，因而人们总是喜欢山水景观，水竹居中，以黄石造山为全园景观的主体骨架，巧妙地与原地形土丘结合，形成依山傍水的格局，体现了“丘壑”的基本形态。山体景观岭脊最为高峻，气势最为雄伟，整个轮廓山峦起伏，连绵有致，山腰古木盘根错节，石缝中古松丛生，藤丝绕石，古意森森，再俯视树下之石，石静小流，犹如陈从周在《园韵》中说：“叠石重拙难，古朴之峰尤难，森严石壁，亦非易致。而石矶、步石及点缀散石，正如云林小品，其不经意处，亦即全神贯注之地，非用极大功力，深入思考，对全局作彻底之分析解剖，然后以轻灵之笔得画龙点睛之妙。”从现象上分析，旧时的石壁流淙是以开南湖堆北土丘而成的地形，再用山石升高与其成院落叠石而变，形成“依山傍水”的格局，构建以“水、竹、石”为胜的奇观，体现出“宛若画意”的园林山水景色的意趣（图 10）。

图 10　石壁流淙叠石

（三）建筑

复建的石壁流淙建筑主要有水竹居、花潭竹屿、静照轩、曲室、阆风堂、丛碧山房、如意馆、聆清音、清妍室等。现在所复建的建筑大致可以分为东、西两个部分，山上、山下各部分高差交错又可分为三个层次，各层次间都是依山而建，结合自然地势的高低错落组成一条奇巧的观赏景面，使全园各种样式的建筑全部融汇在山林之中，毫无拥塞之感，反之又无限地增加了园林的深度与层次，可谓“妙在得体，精在体宜”的和谐统一的空间。

园内的建筑造型和尺寸基本按照乾隆年间的体量尺度，同时按照史载资料在布局上结合现在的地形作了适度的调整，与瘦西湖万花园景区的各观赏点用一条游览线巧妙地贯连起来，顺筑徒步，临水观景，无论东进西出或西进东出，都是山环水转，桃柳成林，行至山腰犹如绝径之时，恰见瀑布，颇有幽深的意境。从景观正面南侧来看，依阆风堂、清妍室、水竹居三座建筑的不同样式，位处临水的水平基线与山腰中的建筑，突出了基地的建筑层次，自成乾隆帝所描述的“水色清依榻，竹声凉入窗”的绝妙画面。寄水依山而相连，使游览线内高空飞跃所构成的立体空间和底下水上游览形成对比，使建筑结构在造园艺术中得到充分体现，融合了乾隆帝的造园思想。正如《园冶》卷一所云：“奇亭巧榭，构分红紫之丛；层阁重楼，回出云霄之上；隐现无穷之态，招摇不尽之春。槛外行云，镜中流水，洗山色之不去，送鹤声之自来。境仿瀛壶，天然图画，意尽林泉之癖，乐余园圃之间。”（图 11、图 12）

图 11　石壁流淙建筑照片

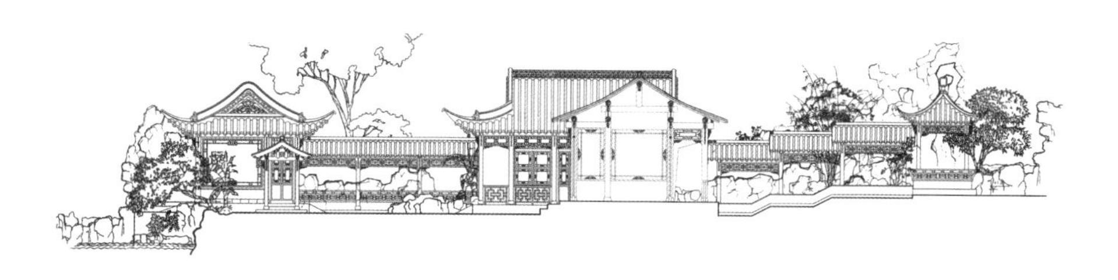

图 12　清妍室南北向剖立面图

（四）植物造景

在园林中，植物是构成佳景透视不可缺少的组成部分，石壁流淙的植物配置方法有如下几种：一是用植物点明意境，突出“沉原苍古，意境高远”；二是用植物营造“源于自然，高于自然”的意境表现，空间形式上主要由瀑布、清溪、山石、花木四部分组成，因此，在园内溪边，石林丛中点栽竹、松、杨、梅等，注重虚实疏落、相间配合及季相变化。而那些自石缝中长出的松木，浓荫如盖，以此增进山林野趣；三是在园内用植物通过群植、孤植的手段构成佳景，以“竹、石”为画引入室内，此种借景手法也是比较独特。如图 13 所示。

图 13　石壁流淙植物造景

三、结语

石壁流淙原创作在布局、体量、风格、色彩等方面均受自然、地理条件以及当时政治、经济、文化的影响，在意境、创作思想、建筑样式、人文内涵上体现了乾隆的造园思想，其独特的造园手法，通过大型黄石山营造瀑布、理水与瘦西湖水贯通、种植花木、建筑巧构，并用匾额、楹联、书画、家具陈设以及“小方壶”的灵魂反映了古代哲学观念、文化意识和审美情趣，达到了“虽由人作，宛自天开”的艺术境地。

而复原的造园章法，将当今风景区的地形、地段及游览线巧妙结合，严谨、灵活，使瘦西湖风景区的园林艺术得到了进一步的升华（图 14）。

图 14　石壁流淙手绘鸟瞰图

（本文已载《古建园林技术》学刊 141 期，第一作者为吴瑜同志）

扬州“小香雪”复原研究

明清时期，江南诸地私家园林蔚然成风，就扬州城而言（图1），明末时期，自造园家计成参与营造的寤园、影园而成《园冶》一书（图2），使扬州园林营造定格成秀，成就了扬州清初的王洗马园、卞园、员园、贺园、冶春园、南园、筱园和郑御史园“八大名园”；大画家刘大观有“杭州以湖山胜，苏州以市肆胜，扬州以园亭胜”。康乾年间各地又兴起了造园的高潮，而受两帝南巡的影响，扬州地方的绅商们争宠于皇室更期一邀“御贵”为荣，集景式的园林在北郊保障河上应运而生。先后建成了卷石洞天、西园曲水、虹桥揽胜、冶春诗社……双峰云栈、十亩梅园、万松叠翠等二十四景之多（图3），这些园林呈现出皇家园林与江南园林交融的特征，形成“两岸花柳全依水，一路楼台直到山”的空前盛世，“小香雪”名列其中。乾隆皇帝亲题“小香雪”，留下“平山万树发新花，胜举清游两可夸”的题联（图4）。

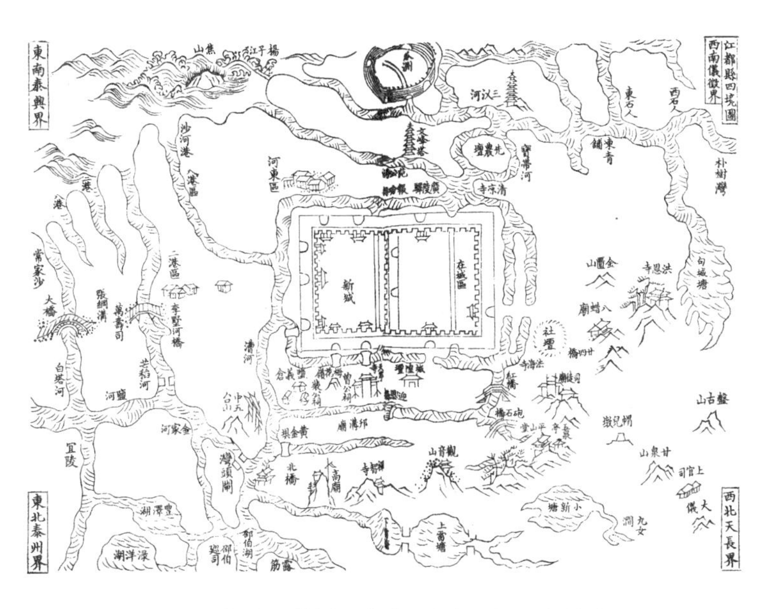

图1　江都县四境图（摘自《【雍正】江都县志》）

图 2　乾隆像

图 3　蜀冈平山堂图（选自《【雍正】江都县志》）

图 4　梅圃

一、史考

“小香雪”原为清代时期的扬州蜀冈的著名景点，建于乾隆三十年（1765年），由清代按察使汪立德所辟，位于法净寺的东北侧（图5）。东接“万松亭”，亭内有御书“小香雪”刻石及东峰和双峰云栈（图6，图7），南靠万松叠翠（图8），北依蜀冈诸山。当时扬州盐商为迎接乾隆南巡，由汪立德主导，在此规划广种梅树，为效仿苏州“香雪海”之名，唤名“小香雪”。赏梅的乾隆皇帝到此时诗兴大发，留下“平山万树发新花，胜举清游两可夸”之句。但现在已经香消玉殒。

图5　法净寺

图6　功德山

图 7　双峰云栈

图 8　万松叠翠

有关“小香雪”的史料记载主要有《广陵名胜图》《广陵名胜全图》《扬州画舫录》《平山堂图志》《乾隆南巡江苏名胜图集》以及近代的《扬州园林品赏录》等。

1.《广陵名胜图》文字记载为：“小香雪，在法净寺东，旧称‘十亩梅园’，亦汪立德等所辟。在蜀冈平衍处，为屋参差数楹，绕屋遍植梅花。乾隆三十年，皇上临幸，赐今名，御书匾额，并‘竹里寻幽径；梅间卜野居’一联（图9）。”

图9　小香雪（一）

2.《广陵名胜全图》文字记载为：“小香雪，在法净寺东，就深谷，履平源，一望琼枝纤干，皆梅树也。月明雪净，疏影繁花间，为清香世界。按察使衔汪立德、候选道员汪秉德所树（图10）。”

图10　小香雪（二）

3.《扬州画舫录》卷十六："修水为塘，旁筑草屋竹桥，制极清雅，上赐名'小香雪居'。御制诗云：'竹里寻幽径，梅间卜野居。画楼真觉逊，茆屋偶相于。比雪雪昌若，日香香澹如。浣花杜甫宅，闻说此同诸。'注云'平山向无梅，兹因盐商捐资种万树，既资清赏，兼利贫民，故不禁也。'时曹楝亭御史扈跸至扬州，诗有'老我曾经香雪海，五年今见广陵春'之句，盖纪胜也（图 11)。"

图 11 小香雪（三）

4.《平山堂图志》文字记载为："小香雪，旧称十亩梅园，汪立德等所辟。乾隆三十年，我皇上临幸，赐今名，又赐'竹里寻幽径，梅间卜野居'一联。其地在蜀冈平衍处，由法净寺东楼石磴而下，北折有桥驾天然树为之。桥上甃以卵石，过桥穿深竹径，东转数十步，临池南向为草屋，参差数楹。绕池带以高柳，柳外种梅。梅间为石径，东接于万松亭，御书'小香雪'三字刻石亭内（图 12)。"

5.《乾隆南巡江苏名胜图集》文字记载为："在蜀冈平衍处，东接万松亭。由法净寺东楼石蹬而下，北过小桥，穿竹径，复折而东数十步，古梅绕屋，疏影寒花，洵为清凉香界。其嘉名之锡，则恭荷御题云（图 13)。"

图 12　小香雪（四）

图 13　小香雪（五）

6.《扬州园林品赏录》文字记载为：“是园由大明寺东石磴，下而北折。以天然树为桥而度，穿行（于）竹径深处。东转数十步，而临于池。造竹桥一架，制极清雅。构草屋数楹，参差而南向。植高柳绕池，于柳外种梅。梅间铺石为径，东与‘万松亭’接，亭内供御书‘小香雪’刻石。其间冈连阜属，苍翠蓊郁。其后坡北，寿藤古竹，轇轕不分。当其时也，巡盐御史曹寅有‘老我曾经香雪海，五年今见广陵春’诗句，以记其胜。”

二、思考

“小香雪”选址在蜀冈东中峰山麓间，地势略高于法净寺的山腰平缓地带，为山林地，入口依“法净寺”的东墙山径而上，入口的东南为万松叠翠，可以说“依山”。从布局上来看，筑池引九曲涧水构建“山水布局”，力求追求天然野趣。植物上强调以“梅”为主题，效仿苏州“香雪海”(图 14)。建筑不多，以“一桥一堂”与万松亭、大明寺建筑互借使之通过与山水、植物融为一体（图 15），从原图分析，地形地貌依山势结合十分紧密。从蜀冈东中峰的大环境来看，有“园外有园”的自然气息，与法净寺、万松叠翠、双峰云栈、功德山的景色相协调，使蜀冈东中两峰的自然环境相融，但又强调各自的园林艺术特色。该园的布局具有《园冶》所述：“园地惟山林最胜，有高有凹，有曲有深，有峻而悬，有平而坦，自成天然之趣，不烦人事之工。入奥疏源，就低凿水，搜土开其穴麓，培山接以房廊。杂树参天，楼阁碍云霞而出没；繁花覆地，亭台突池沼而参差。绝涧安其梁，飞岩假其栈；闲闲即景，寂寂探春。好鸟要朋，群麋偕侣。槛逗几番花信，门湾一带溪流，竹里通幽，松寮隐僻，送涛声而郁郁，起鹤舞而翩翩。阶前自扫云，岭上谁锄月。千峦环翠，万壑流青。欲藉陶舆，何缘谢屐”的特征。同时与乾隆皇帝在《静明园记》中所写“若夫崇山峻岭，水态林姿，鹤鹿之游，鸢鱼之乐。加之岩斋溪阁，芳草古木。物有天然之趣，人忘尘世之怀。较之汉唐离宫别苑，有过之而无不及也”的造园艺术见解相呼应。

三、启示

小香雪在这自然的地形地貌的基础上，以山而引水为骨干，突出在

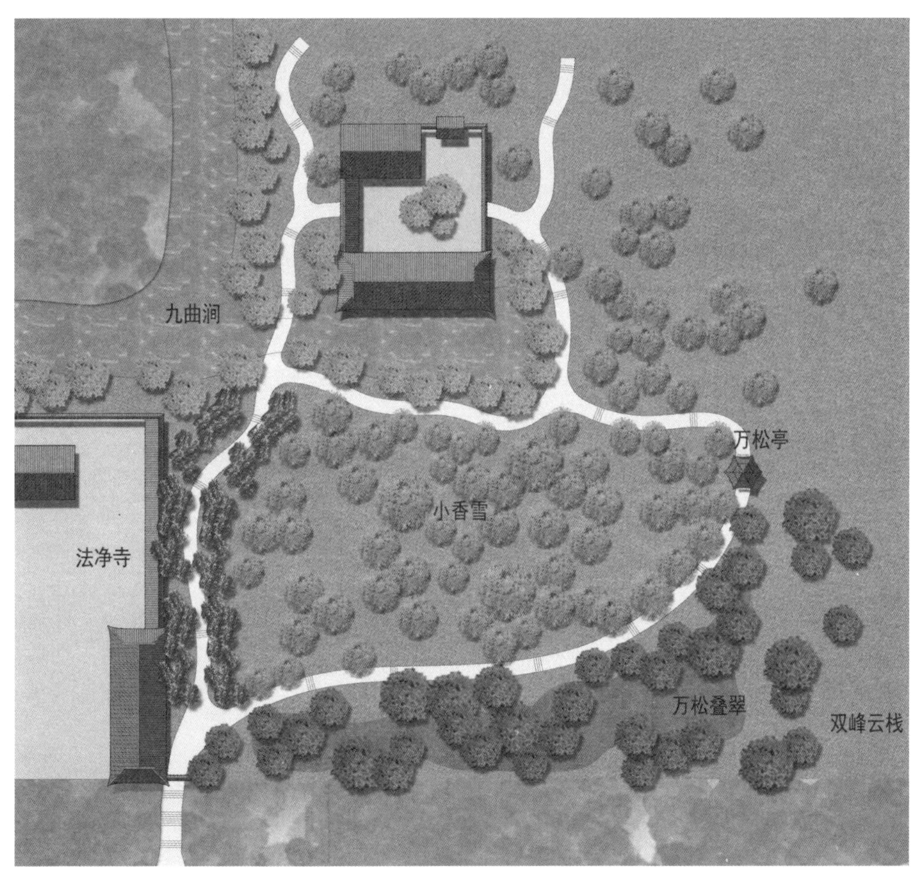

图 14　小香雪平面图

图 15　小香雪鸟瞰图

原野山林中以“梅”作为主题景观，以“一桥一堂”与周边的“园外园”的建筑相互融合，充分体现了“因地制宜、巧于因借、以少胜多、融合自然”的造园思想。从布局的入口来看，在简约的景门过有限的山径竹林空间，引入园内，创造了有层次、有深度、有变化的景象环境，而在梅圃的中央部分引水小筑，又呈现出“小中见大”的艺术效果，成为精品，受到乾隆皇帝的赞赏，也成为后来扬州园林营造的范本。

（本文系湖南岳阳2018年“人居意境与美丽中国”园林古建高峰论坛交流材料）

扬州吴道台芜园遗址景观设计

一、芜园考究

吴道台宅第坐落在扬州市原北河下（东城根下），现泰州路45号，由宅地、芜园、吴家祠堂三部分组成，占地2650平方米，建成于清光绪三十年（1904年）。宅第主人吴引孙历任浙江宁、绍台道道员，广东按察使，署理新疆巡抚，浙江布政使等职，在赴任广东按察使之前，引聘浙江匠师选购浙南山区优质木材，仿宁、绍台道府衙和宁波天一阁，在扬州建造了这座别具一格的浙派住宅建筑群，与杭州胡雪岩故居、无锡薛福成故居相提并论，被称为晚清江南三大宅园之一。2006年5月，被评为全国重点文物保护单位（图1）。

图1　吴道台局部鸟瞰

据历史资料考证及其家人论述，吴道台宅第除住宅部分外，在住宅东侧，有一花园，名为"芜园"；宅第和花园中间隔着原北河下行人巷，在巷子南北两侧有两个文林坊。芜园和住宅同时修建，是一个独立大花园。占地约15亩，南北长约200米，东西宽约50米。东面一直到

城墙根，北面连着一个三进吴氏祠堂。芜园建园时扬州造园之风很盛，但多采取亭台楼阁、水榭长廊等园林式建筑，芜园摒弃这种常用的造园手法，园主人认为这样的园林形式容易消磨子孙后代的意志，因此在花园中大量种植四季常青的各种乔木和四季花卉等百余种植物，又有大量不同品种的竹子。由于园内植物种类繁多，引来不少鸟类、小动物和昆虫，形成了一个生机盎然的动、植物园。

吴征镒院士一直把芜园作为他日后成为著名植物学家的启蒙老师，园中千姿百态的花草树木让他领略到大自然的神奇。芜园里各种各样的昆虫也引起了吴征鉴院士的兴趣，他经常在园中捕捉昆虫，有时解剖制成标本，这种从小培养的兴趣，与他在大学选生物系的昆虫学应该有很大关系。吴征铸先生曾经写了 10 首“芜园”诗，其中有这样几句:“久读春秋烂，令人头目昏，蝶憎人入梦，鸟唤客窥园，浅沼寻常水，粗花数十盆，居然开朗意，仿佛得桃源。”描述了少时吴氏弟兄在园中游玩的场景。1949 年后原址修建了市人民医院，吴征铠院士写了一组竹枝词:“芜园有高楼，倒影照清池，六十年过去，时时入梦迷。”寄托了他对这一名园的怀念（图 2、图 3）。

图 2　宅院主人像

图 3　吴氏四兄弟

根据资料显示，芜园的布局（图 4）大致分为三段：南段种有李树、石榴和桃树，中间一段种有竹，夹有松、柏、桑、榆等乔木，北段的东北角建有魁星阁，园内唯一建筑为魁星阁，该阁高于当时的扬州城墙。与西边的“测海楼”遥遥相对。阁下有一不规则的长方形池塘，池内植有青莲。池塘西边之狭长地带种有广玉兰、紫玉兰、白玉兰、绣球、紫薇、山茶、木槿、凌霄等木本花卉，还种有乌桕、柿树、枇杷、小叶杨等乡野常见树木，尽显不事雕琢、清新淳朴的田园风光。

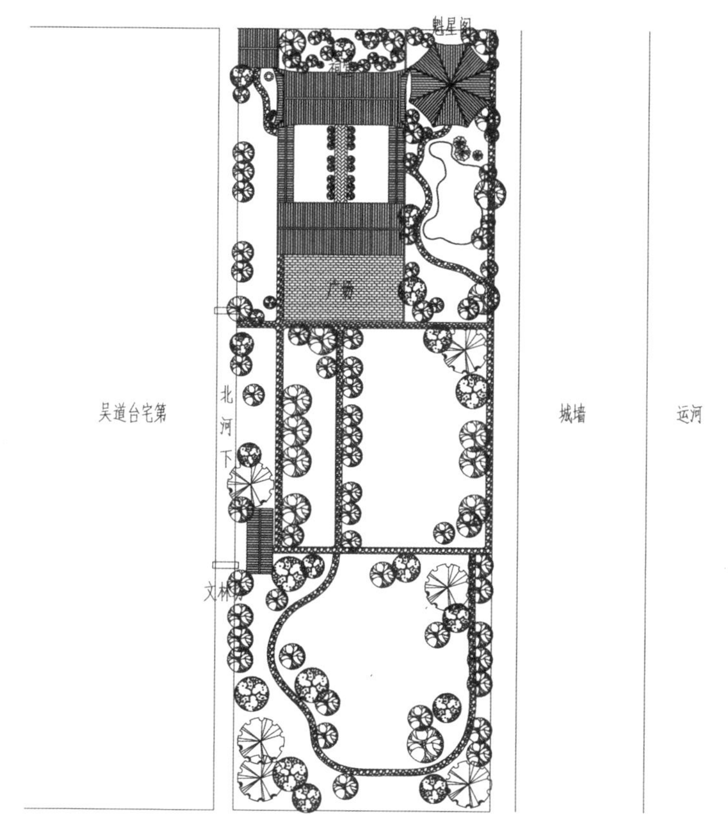

图 4　芜园遗址平面示意图

二、设计理念

由于场地因素限制，不能完全恢复芜园历史原貌，为表达和体现芜园旧意，本着“因地制宜”的原则，我们保留了“芜园”的设计初衷，没有园林建筑，以植物造景为主。整个设计将运河边通向宅第的道路作为轴线，将人流和景观视线引入。改造后，宅前绿地东西向长 35 米，南北向宽 20 米；宅前南北向车行道路宽 4 米，东西向车行道路宽 5 米。结合场地特点，在东侧仿建了城墙遗址，西侧南侧仿建院墙遗址，以断壁残垣的形式营造出历史的沧桑感。宅前广场中心的一组吴氏四杰雕像（图 5），让游人好似身临当年吴氏四杰在芜园读书嬉戏的场景。在通向宅第入口处放置刻有吴家家训“成才未可忘忧国,有福方能坐读书”的石块（图 6)。在宅前广场利用微地形，以大树作为主景，植物选用具有扬州本地特色的乡土树种，在品种上尽可能丰富，以效仿当年芜园“百草园”的盛景。一组点缀景石,若隐若现,营造出芜园遗址的氛围,整体打造成大型盆景的效果（图 7 ~图 9)。

图 5　院士雕像群

图 6　吴氏家训

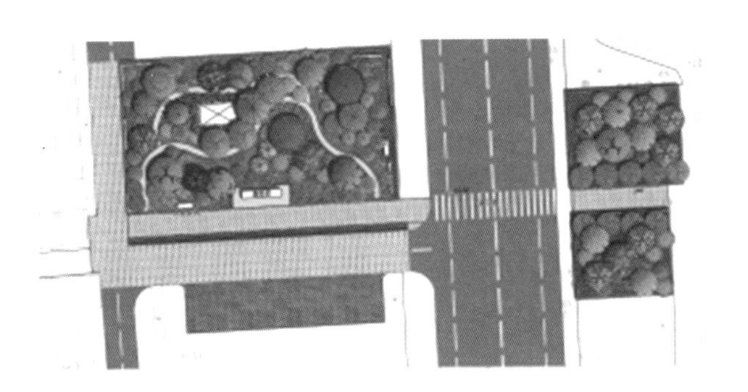

图 7　芜园设计总平面图

图 8　读书广场意向效果图

图 9　芜园鸟瞰效果图

除了芜园遗址现有场地，项目基地还增加了一块运河边绿地。鉴于吴道台宅第已成为院士博物馆，为使运河边绿地与芜园整体环境有机相连，融为一体。设计初始，通过引入状元文化，将二十一世纪以来扬州高考文理科状元的铜手模以状元墙的形式向世人展示，以此与院士博物馆相呼应，打造独具特色的景观场地。

三、芜园的植物配置

（一）植物配置原则

由于现有场地很大一部分是在地下车库的上面，所以设计时，要考虑到整体的荷载以及植物根部对地下车库的影响，在植物种类选择上尽量选择穿刺性弱的树种，同时避免过多种植大树。除此之外如何体

现浓厚的历史文化背景，并与相邻的吴道台建筑相融合，也是设计考虑的重点，植物种类尽量选用扬州本地乡土树种，尽可能多的丰富品种，尤其是小乔木和灌木，以效仿当年芜园“百草园“的盛景。植物栽植方式上以丛植、群植为主，在部分节点位置点缀红枫、鸡爪槭或者羽毛枫，营造出不同的景观效果。种植时注意了植物与地形的配置、植物与园路的关系、植物与宅第等建筑的配合，同时也注意季相、层次、色彩的关系（图 10）。

图 10　芜园内植物

（二）植物种类

芜园应用的植物主要有五大类：

常绿乔木：桂花、香樟、香橼。

落叶乔木：朴树、红枫、鸡爪槭、杏树、红梅、蜡梅、琼花、羽毛枫、银杏。

球类灌木：红叶石楠球、海桐球、红花檵木球、无刺构骨球，金森女贞球、变色女贞球。

灌木：红花檵木、八角金盘、金森女贞、桃叶珊瑚、夏鹃、毛杜鹃、雀舌黄杨、云南黄素馨。

地被：麦冬。

四、吴道台宅区环境改造

吴道台宅区环境改造主要在现有环境基础上依照历史原貌进行一定程度的提升（图 11 ～图 13）。

图 11　复建的城墙残垣

图 12　吴道台宅区（一）

五、探讨

在复建园林景观时，在植物品种的选用配置以及植物的表现力上，不仅仅满足于植物的季相特征和视觉冲击，而更在于其所承载的精神寄托，无论是宅区的景观更新，还是其园遗址的景观设计，都需要充分展示地方文化深处的审美情趣和人生哲理。即是在狭小的场地空间中，通过曲折的园路，疏密变化的植物，仿照古典园林的造园精髓，营造

图 13　吴道台宅区（二）

出“咫尺山林”的氛围，让游人每每在园中徘徊流连时，都宛如置身于诗情画意之中。同时通过引入新的理念，结合芜园现有场地以及运河边绿地，将状元文化与运河文化增加到设计理念中，打造出扬州独具特色的文化景观。

（本文原载梁宝富编著《借古开今　匠心独运》文集）

扬州壶园复原及修缮研究

壶园，位于扬州古城东圈门 22 号（图 1）。壶园又名瓠园，为 1865 年江西吉安前知府何廉舫在扬州所购宅居，而后改建的宅园，占地约 17 亩[1]。壶园鼎盛时，高朋满座，仅何廉舫诗中所提就有两江总督曾国藩、两淮盐运使方浚颐、江宁盐巡道庞际云、书法家何绍基、画家李匡济等数十位名士常来做客。民国时期，惜被荒毁。中华人民共和国成立后为扬州友谊服装厂所用，20 世纪 70 年代末改建为居民住房。2006 年，扬州市人民政府着手打造东关历史文化街区，以此为契机，壶园着手恢复。目前的壶园占地面积约 6000 平方米，建筑面积约 3200 平方米。建成后已辟为扬州城市记忆馆及商业会所（图 2）。

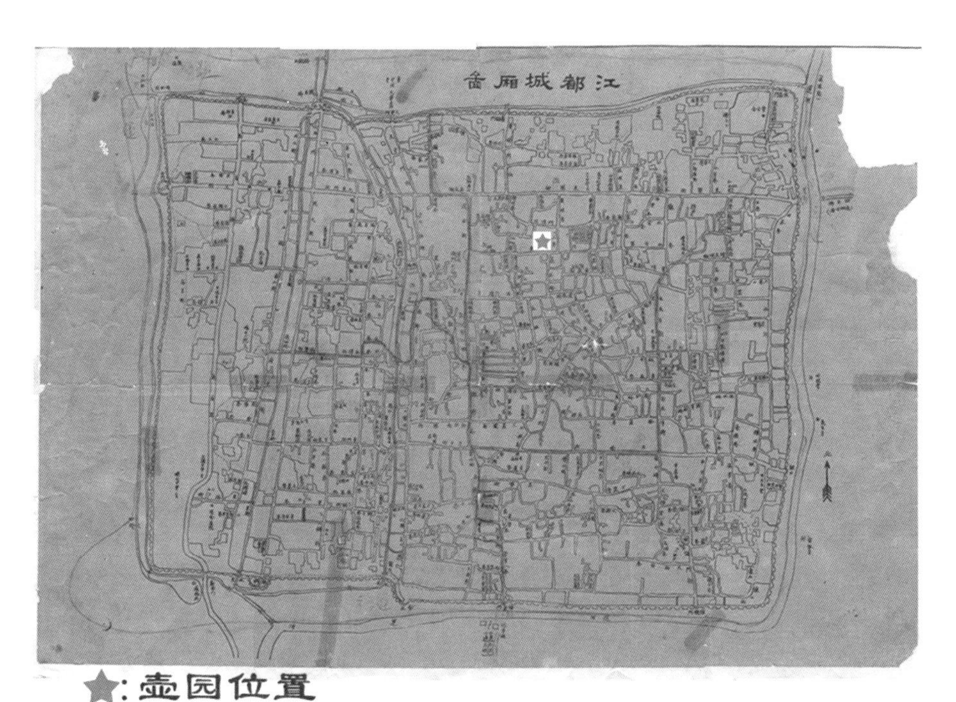

图 1　扬州明清古城图

[1] 1 亩≈ 667 平方米。

图 2　修缮后的壶园南立面

一、宅园史考

（一）宅园主人

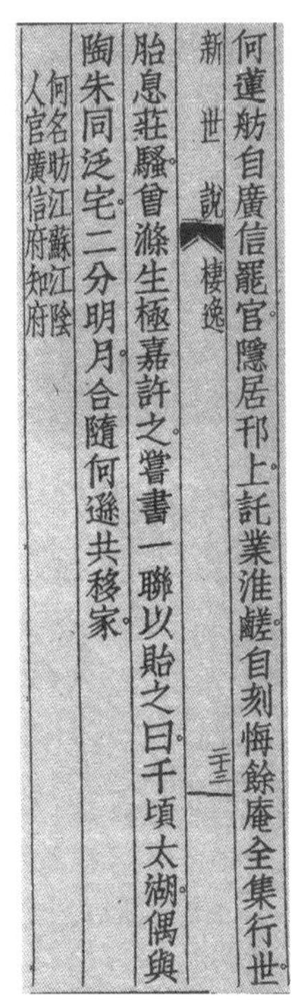

何蓮舫自廣信罷官隱居邗上託業淮鹾自刻悔餘庵全集行世

新世說 棲逸 三三

貽息莊騷曾滌生極嘉許之嘗書一聯以貽之曰千頃太湖偶與陶朱同泛宅二分明月合隨何遜共移家

何名栻江蘇江陰人官廣信府知府

图 3 《新世说》中记载的何氏逸事

壶园主人，姓何，名栻，字廉（一作“莲”）舫，号悔馀，生于清嘉庆二十一年（1816 年），卒于同治十一年(1872 年),原是江阴人。道光乙巳年(1845 年)时中进士，曾任吏部主事，1855 年不惑之年的他出任江西吉安知府，当时正值咸丰末年。因太平军乘虚攻入吉安，何氏一门八口被杀，夫人薛氏及儿女都死于兵火之中。何廉舫因不在职守，以城池失守罪被削职为民。后来寄居扬州，在曾国藩与李鸿章的帮助下做起了盐业生意。《新世说》中形容“隐居邗上，托业淮鹾”。于是他买下了这处盐商旧居作他的私家宅园。取名为“壶”（瓠）园，有“方壶”或“壶中天地”之意。表现了他对像“壶中日月”一般的安适起居，像“瓠”（爬蔓）一样平常生活的希冀与期待（图 3）。

（二）史料记载

图4　壶园厅堂

有关壶园（图4）的记载主要有《芜城怀旧录》《扬州揽胜录》以及地方志等相关的文献资料。与园主及其友人相关联的园林与建筑记载摘要如下。

1.《怀旧录》中记载：“城陷罢职归，侨居扬州运司东圈门外，辟‘壶园’为别业。”

2.《扬州揽胜录》中记载：壶园，在运署东圈门外，江阴何廉舫太守罢官后，寓（于）扬州，购为家园，颇擅亭林之胜。（又）增筑精舍三楹，署曰“悔馀庵”。（是）园旧有（北）宋宣和（年间）“花石纲”（遗留之）石品，长丈余，如鹅卵石结成，形制奇古，称为名品。太守为曾文正公（国藩）门下士，以词章名海内，著有《悔馀庵诗集》。文正（总）督两江时，按部扬州，必枉车骑，过太守之宅。往往诗酒流连，竟日而罢。

3. 何廉舫有诗记录的园林描述：“春到壶园色色新，壶中九华碧峻峋，阶前竹笋初飞舞，池上杨花渐化萍。缓步园林日几回，朋簪相对便衔杯。鹭立凫趋鸥自野，莺歌燕舞鹤能陪，天花乱坠春如海，门外骊驹莫漫催。”

4. 清陈重庆有《何骈喜觞我壶园，是为消寒九集长歌赠之》诗云：“君家家世吾能说，近日壶觞优密弥；重游何氏访山林，杜老诗篇狂欲拟。是时晴暖春融融，夭桃含笑嬉东风；升阶握手喜相见，冯唐老去惭终童。鰕帘辨地围屏护，蛎粉回廊步屟通；半榻茶烟云缥缈，数峰苔石玉玲珑。方池照影宜新月，复道行空接彩虹；洞天福地神仙窟，白发苍颜矍铄翁。”

5. 黄惺庵《望江南百调》中云：“扬州好，城内两何园，结构曲如才子笔，宴游常驻贵人轩，东阁返魂梅。”

图 5 《点石斋画报》中的壶园新闻

6. 民国画家陈含光《壶园歌为何骈喜作》云，“君家家世不可当，中丞郡守来相望。海天照耀龙虎节，闾里一日生辉光。”（图 5）

综上结论，壶园当时的规模及风格如同何园，造园的意境及元素从诗文中“壶中九华”“阶前竹笋”“池上杨花”“鹭鸥自野”“蛎粉回廊”“数峰苔石”“方池照影”“复道行空”“洞天福地”等看出（图 6）。

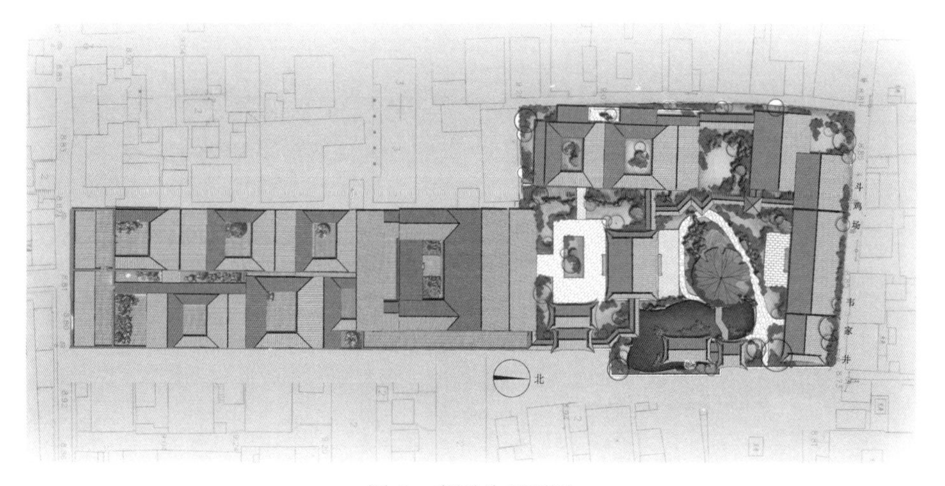

图 6 壶园总平面图

二、建筑艺术

虽然壶园保护与利用的时间比个园、小盘谷、何园（寄啸山庄）要晚，但壶园的建筑艺术较有特色。整个宅园包括桂花厅、楠木厅、蝴蝶厅、读书厅、船厅，有“五厅”之称。壶园有史载及实物的特色建筑主要有大门楼、悔馀庵、船舫和花石纲（图 7）。

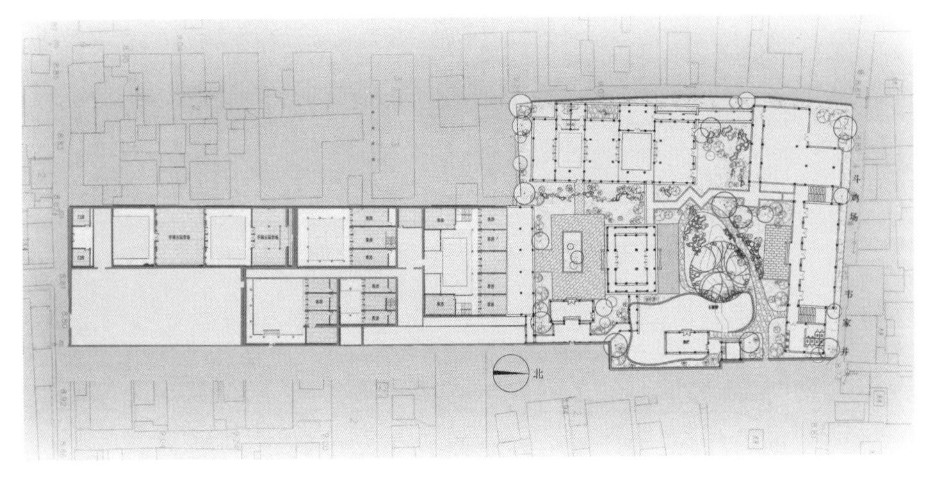

图 7　壶园建筑总平面图

（一）气宇轩昂的大门楼

壶园位于东圈门街的八字门楼，为清水磨砖砌筑，雕饰精美，极富特色。据陈从周先生《扬州园林》记载，门楼宽约 4.9 米，高约 7.6 米，为砖细磨砖对缝门楼。檐下匾墙内嵌磨砖六角锦（取六六大顺之意），且六角锦图案向两侧延伸至翼墙位置，匾墙收边为“万字不断头”砖雕。匾墙下侧为五福精美花卉砖雕，辅以“卍”字图案。门楼两侧八字翼墙也均设砖细六角锦图案，外侧设磨砖砖柱。大门上角两端有雀替深浮雕，两侧设门枕石。门楼前檐为三飞式磨砖飞檐。八字门楼采用砖细砖柱收边，靠近檐口处设置精美砖雕。详见图 8。

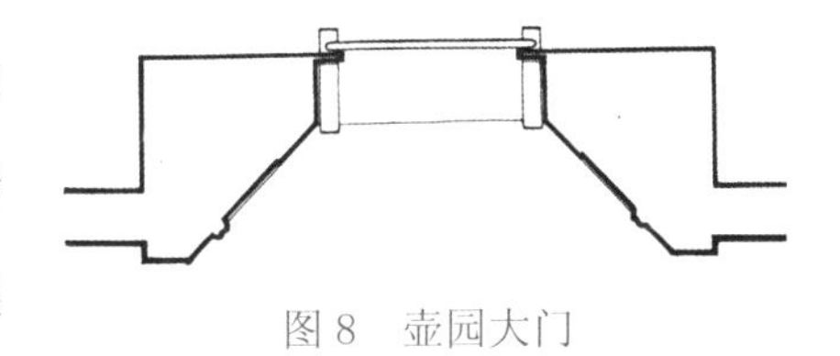

图 8　壶园大门

（二）中西合璧的悔馀庵

据《扬州揽胜录》所载，（又）增筑精舍三楹，署曰“悔馀庵”。然

“悔馀庵”并不在园中，而在西住宅间。悔馀庵木构架材质为柏木，明三暗四格局，房屋建筑考究，为中西合璧手法，门洞、窗洞砖柱均为磨砖半圆形，上置三层砖飞檐，乃欧式风格，在扬州尚不多见，惜被毁。详见图 9。

图 9　悔馀庵旧影

（三）造型独特的船舫

壶园船舫为单檐歇山形式，较有特色。船舫位置根据老人回忆，有两种说法，根据读书厅、厅前水池遗迹和蝴蝶厅的位置来看，综合考虑，位于东北的说法更为可信，但后来被整体搬移至平山堂西园中。详见图 10。

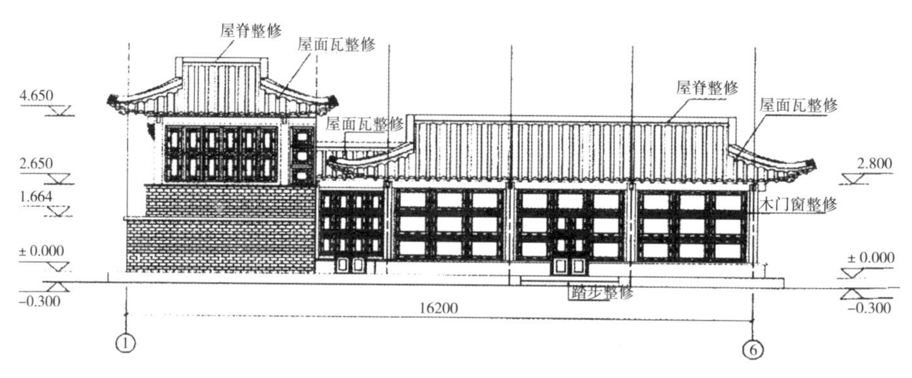

图 10　船舫立面

（四）玲珑别致的花石纲

现存于瘦西湖小金山内的“花石纲”——一方绝世钟乳石山水盆景，原为壶园藏品，本是宋徽宗花石纲遗物。它如一横卧长盆，北边略高，南边略低，中间低凹，如宽海，似长湖。海边湖内山峦起伏，曲折绵延。四周渐渐高起，有悬崖、峭壁、深涧、连峰，盆边如一条蜿蜒环接的山脊，而以北部岭脊最为高峻，气势最为雄伟。石中植有应时小草花。雨天积水其中，则映峰峦倒影，可谓是天然的山水盆景（图 11）。

图 11　壶园花石纲

三、复原保护

修缮遵循“不改变文物原状的原则”，本着以史载记录作为修复的重要参考资料，结合现有场地的实际，力求最大限度地描绘历史风貌，全面地保存、延续文物建筑的真实历史信息和价值。2006 年下半年，扬州市名城公司组织实施了壶园修复工程，整个项目由江苏油田设计院杨森宽院长主持设计，扬州意匠轩园林古建筑营造股份有限公司负责施工，并参与了文保和园林的设计。项目的任务主要有三部分：一是遗存建筑的修缮；二是按原样复建；三是园林复建。详见图 12 ~图 14。

图 12　复建后的悔馀庵

图 13　复建后的蝴蝶厅

图 14　复建后的花园

修缮文物古迹，保护文化遗产应以严肃、认真的态度开展工作，避免一切“保护性的破坏”。为此，重点注意以下事项：(1）深入学习，广泛调研，严格按照文物保护的法律、法规要求来做；(2）深入研究，认真记录，健全档案，以保证“原真性”；(3）专人管理，防火防盗，杜绝一切意外事故的发生；(4）加强交底，严格要求，确保人身、文物双安全；(5）认真观察，注意分析，不断完善工程的技术设计；(6）百年大计，质量为先，不能粗制滥造和盲目追求工程进度。修缮后效果如图 15，图 16 所示。

图 15　建筑组合

图 16　空间处理

四、结语

扬州壶园于2009年建成后，对外开放，迎接了“2009烟花三月旅游节”的中外客商，受到市民和社会各界的一致好评。修缮工程坚持了“保护为主，抢救第一”的方针，在复原工程施工时注意到“新旧”风貌协调的问题，从而取得了良好的整体效果（图17）；由于受东圈门片区的建设场地限制，东路入口第一进，即最有代表性的八字门楼暂未建设，期待尽快建设，以还原壶园风貌。在实施过程中，修缮还受到施工周期及“百年广玉兰”的保护的限制（图18），部分景观未能按照当初的设计思路进行，因此地形、植物、假山、水体等要素的处理均未取得最佳的效果，有待今后进一步改进与提升。

图17　修缮后的壶园风貌

图18　百年广玉兰

（本文根据原载陆琦、梁宝富主编的《园林读本》中的成爱祥所著文章修改）

扬州古建筑修缮设计与施工

——以蜀冈大明寺遗产区为例

一、项目概况

大明寺是一处自然山水与历史文物相结合的名胜古迹（图 1）。

图 1　大明寺鸟瞰图

二、历史沿革与历次修缮情况

扬州大明寺位于扬州城西北蜀冈中峰，始建于南朝宋孝武帝大明年间（457—464 年），故称大明寺。隋仁寿元年（601 年）大明寺内建栖灵塔，塔高九层，大明寺因之一度改称为“栖灵寺”；入清，因忌讳“大明”二字，在其后 200 年间，一直称为法净寺；清咸丰三年（1853 年），法净寺毁于战火。现存建筑大雄宝殿为同治九年（1870 年）复建；天王殿为民国四年（1915 年）修建；大明寺曾在 1915 年（民国四年），1934 年（民国二十三年）进行过修缮，并有碑文记载。中华人民共和国成立后，又进行过维修。1979 年为迎接鉴真坐像回乡“探亲”活动，进行了两次规模较大的维修。1980 年 4 月，鉴真大师坐像自日本回国“探亲”，“法净寺”恢复原名“大明寺”；1957 年

被公布为江苏省文物保护单位，2006年被公布为全国重点文物保护单位。

三、查勘现状

千年古刹大明寺保持着昔日的建筑格局，但在寺院长期的使用过程中，大雄宝殿出现构件变形，殿宇木柱遭白蚁侵蚀，屋面漏雨，砖瓦酥碱，风化等不同程度的险情，这些险情使得殿宇在使用过程存在一定的安全隐患。

大雄宝殿的建筑构造：面阔5间，长度18.7米，进深5间，长度20.10米，屋顶为重檐歇山顶，如图2、图3所示。根据历史记载，大雄宝殿始建于同治九年（1870年），南北两面有披廊，披廊木构架用料较大。建筑受力体系为传统木构架承重，东、西、北砖墙围合，前檐为木门扇。一层地面铺方砖，局部采用水泥砂浆地面，小屋瓦面。檐口正立面与西山一半未设斗拱，从构造及受力状态上分析为装饰性斗拱。室内墙体刷成白色，所有小木作、木柱皆漆成红色，屋构架为紫红色。

大雄宝殿距离上一次维修已有数十年。通过测量，外观墙体未发现异常情况，除西北角柱下沉5.5厘米，前后檐口木构变形外，地基与木构架基本完好。主要存在以下问题：北檐角柱下沉5.5厘米；东、西、北室外地面高于大殿地面，地面有返潮现象，尤其靠墙面下部潮湿比较严重；室内方砖施工质量较差，表面不平，水泥地面与传统风貌不符；廊桁、廊枋、梓桁断面偏小，檐口变形严重；歇山山花板、封檐板损坏严重。屋脊损失严重，屋面漏雨，望砖酥碱，屋面石灰有时会掉落在地上；墙体抹灰大面积剥落，佛座做法与传统风格不符；油漆剥落，木构架油漆存在开裂、剥落现象（图4）；电器设备老化，电灯开关、电箱皆较陈旧，线路复杂，在木构架上铺设存在一定安全隐患。

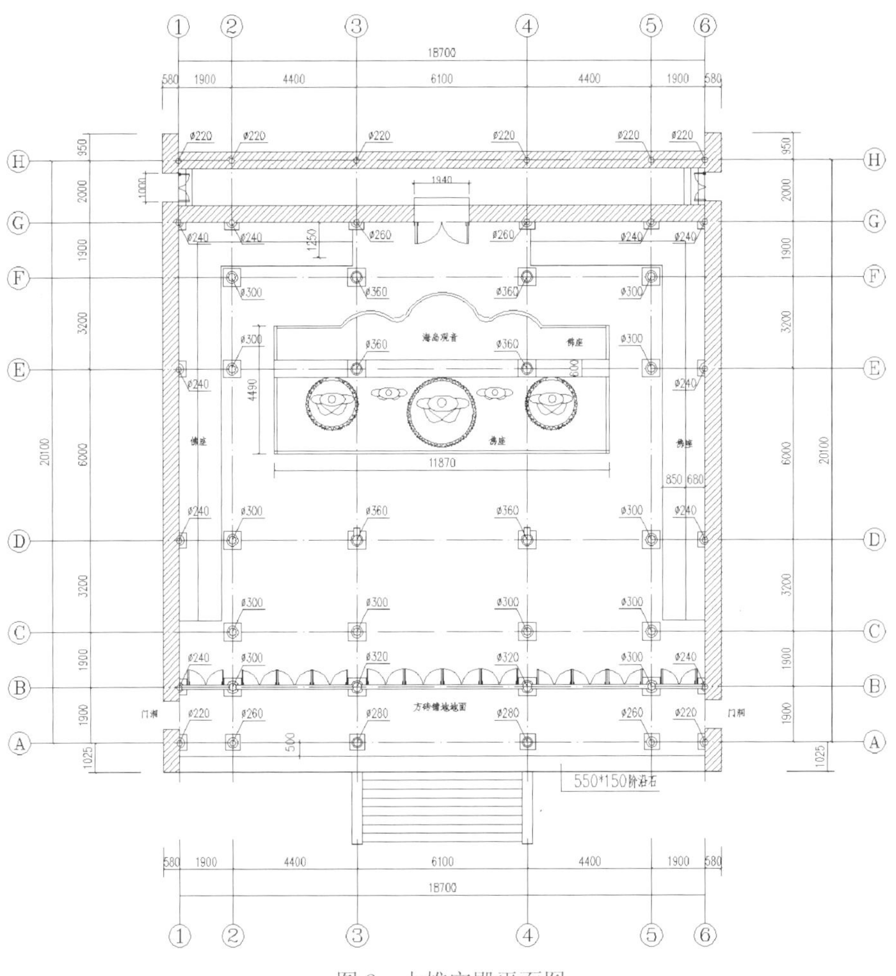

图 2　大雄宝殿平面图

图 3　大雄宝殿立面图

图 4　大雄宝殿木构架残损图

四、勘察结论与残损状况等级鉴定

通过对大雄宝殿的残损情况做细致勘察，我们对大雄宝殿的地基、

木构架、屋盖瓦顶、墙体装饰及其附属部位所存在的多种残损病状有了一个全面系统的认识。同时由于部分檐柱处于隐蔽状态，损坏的程度尚不可知，待维修过程中进一步确定。由此，我们认为建筑的损坏情况和结构的可靠性状况可以简要地归纳为以下几点：大雄宝殿木构架的整体结构完好，但前后檐口的变形情况严重，从而会引发广泛的连锁损坏现象；殿宇屋面漏雨严重，已经影响正常使用，屋脊，脊兽损坏、缺失较多，影响建筑整体外观；地面凹凸不平，部分地面是水泥修补；佛坛后人新做，与传统做法不符；电器设备老化，线路杂乱，存在一定的安全隐患；大雄宝殿的东、西、北室外地面高于大殿室内地面，墙体下部受潮比较严重；殿宇虫害较严重，不彻底根治会影响结构安全；外观环境与传统风格不符，影响景观效果。

基于上述原因，根据中华人民共和国国家标准《古建筑木结构维护与加固技术规范》（GB 50165—1992）第 4.14 条，古建筑的可靠性判定类型为Ⅱ类建筑，属于重点维修工程；根据《文物保护工程管理办法》（2003 年）第五条分类属于修缮工程。

五、修缮设计方案

（一）设计依据

本次修缮保护工程实施方案的主要科学依据为《中华人民共和国文物保护法》（2002 年）、文化部《文物保护工程管理办法》（2003 年）、《古建筑木结构维护与加固技术规范》（GB 50165—1992）、《古建筑修建工程质量检验评定标准》（南方地区）。

（二）修缮设计的目标

1. 保护和修缮大雄宝殿文物建筑，应忠实于保存和继承其清同治年间以及民国年间所特有的结构特征、建筑风格、历史信息及其文化底蕴。

2. 保护和整治院落及周边环境，忠实地保存和传承其清同治年间特有的建筑布局特点和院落景色。

3. 综合治理，标本兼顾，全面修缮，立足于彻底排除存在于建筑内的多类残损险情与结构隐患。

（三）修缮设计的基本原则

所有工程技术措施遵守《中华人民共和国文物保护法》关于“不改变文物原状”的原则，最大限度地保留和使用原有构件也是本设计的基本工作目标；所有工程技术措施遵守真实性原则，严格考证，有据可依，尽可能根据历史资料及各种相关的遗存、遗物复原；坚持“三原”的原则，保护其文物构件的建筑风格和建筑特色，除设计中为了更好地保护文物建筑的安全而利用的修补、加固材料外，其他所有维修更换的材料均坚持原材料、原形制、原工艺，可识别原则。在环境风貌协调一致的前提下，对新换构件进行标识，体现真实性、可识别性原则，安全与有效原则。由于大明寺游客量较大，应满足结构要求、安全疏散要求、消防要求、避雷要求等。

（四）修缮设计要求

本次修缮以揭瓦不落架的手法对木构架进行牮正与加固，由于局部隐蔽及相关部件尚未彻底看清楚，在脚手架搭好后，应对建筑进行全面的再次复勘，进一步勘查建筑破损情况，尽量保留原构架。根据损坏情况采用环氧树脂、碳素纤维材料或铁件等加固。观测木柱糟朽及虫蛀情况，根据《古建筑木结构维护与加固技术规范》（GB 50165—1992）进行墩接、灌注、拼绑或更换。还需要注意选用优质同类材料，木柱含水率不得超过 20%，板类不得超过 15%，油漆使用传统材料及工艺，应使用桐油和大漆；拆除屋顶时要详细注意屋脊的构造情况、样式，并要注意拍灰塑品照片。按照原材料、原规格、原材质添配构件；采用传统粘结材料及粉刷材料，新材料及新工艺必须充分论证其可靠性；地面采用原材料、原规格、原材质添配。工艺及基层处理采用传统做法；施工过程中应有完整的施工记录、照片、录像资料，对修缮变更之处进行档案记录。

大雄宝殿具体修缮设计内容见表 1。

表 1　大雄宝殿具体修缮设计内容

序号	部位	现状	修缮内容	备注
1	屋面	屋面漏水，檐口变形，望砖酥碱，屋脊损坏、缺失	揭顶修缮 ——使用做细望砖，更换屋面原有的望砖，尺寸按现状大小复制 ——增加 SBS 防水层、自粘网一层 ——拆除旧瓦，定制原规格的新瓦，挑质量好的用于山门殿及围墙，屋脊、脊兽按原样新做	
2	大木构架	前后檐廊桁、廊枋、梓桁直径偏小，廊枋变形，承椽枋组合断面不能共同工作而变形，椽口椽子腐朽，仔角梁腐朽，后檐西角柱下沉 5.5 厘米	——揭瓦后复核测量变形情况，打牮拨正，更换腐朽椽、里口木、瓦口板、勒望木。勘查埋墙柱的损朽情况，剔除损朽部分，根据情况进行修补、墩接，并对埋墙柱和与屋面相接触物件进行防腐处理 ——廊桁、梓桁加固，梓桁上口采用材料补齐，下口或中部增加支撑点 ——廊枋、承椽枋使用环氧树脂、碳纤维布和铁件加固 ——仔角梁更换 ——后檐西角柱下沉 5.5 厘米，因其处于隐蔽位置无法查勘，待修缮时进一步查清，确定方案	
3	墙体	粉刷粗糙、空鼓、脱落，佛座上使用现代瓷砖铺贴，装饰板做法与传统风格不符	——墙下脚部位做防水处理，内墙粉刷按传统方法新做，后檐墙恢复原清水墙 ——景窗做法采用砖细做法 ——佛台按传统风格新做，原结构不动	
4	地面	方砖不平，粗糙，部分为水泥地面	——采用传统做法，按原规格方砖新铺	
5	小木与油饰	后檐东门损坏严重，且东、西门不对称，木构件油漆起皮、脱落；山花板、封檐板损坏严重	——东、西门按传统做法换新 ——山花板、封檐板新做 ——按传统方法重新做油漆，颜色与现状相同	
6	防潮	建筑东、西、北室外地面均高于大殿室内地面	——大殿的东、西、北面做低于室内地面的防水排水沟	

专项保护工程：

(1) 消防设施。建筑物内不宜放置消火栓，采用原有室外的消火栓，数量适当增加。消防用水应并入消防管网系统，需进行专项设计。

(2) 排水系统。改造院内的排水系统，因地形标高复杂，需与建筑防潮相结合，进行专项设计。

（3）电力设施。建筑物内照明采用高效荧光灯，灯具安装应考虑建筑的防火安全。电线原为露明布线方式，现改为穿铜管贴墙角出梁下走线。铜管的颜色应与木构件相同，增加吊扇设施，采取消震措施，减少对建筑的震动。

（4）防雷措施。本建筑群根据国家防雷设计规范专项设计。

（5）防虫防腐。易受潮腐朽或遭虫蛀的构件由白蚁防治所做防腐处理，应采用当代最新无毒式或毒性较小的药剂，不得使用对人畜有害、污染环境的药剂。防腐处理分三个阶段：地坪拆除后，在原下卧层上喷洒药液；木构架整修完毕后对其构架进行喷洒药剂防治；油漆工程施工前对所有木构架、木装修进行白蚁防治。

（6）佛像保护。揭顶前需采用封闭保护，顶部需做防水处理。

六、主要项目施工方法及技术

（一）保（防）护

1. 室内保护：配好篷雨布，保证每天晚上及雨前屋盖上满铺；沿檩条下口及利用室内满堂脚手固定篷雨布，并用木条压实，确保室内防雨、防水；明照部位及两山壁龛佛像上口，采用木枋作楞木，四周用复合板封闭。对明照进行上下、左右平衡控制，以免屋面卸荷后明照变形，是本次修缮的难点（图 5、图 6）。

2. 室外保护：砖细墙面采用木枋、复合板全部封闭，以防施工时损坏；建筑物四周场地分隔，石碑、香炉四周采用钢管搭设，竹笆作围护墙，外设密目网围护；所有上下踏步均采用木板封闭后作为施工通道。

3. 施工脚手架：根据本工程的特点及高度要求，外围全部采用 ϕ48 钢管扣件双排脚手架（图 7），设水平竹笆三道，外围全部采用密目网封闭。在大殿的西南角设坡形工作梯，二、三层重檐上下分别在西南、东北设上下垂直梯，采用钢管与脚手架连接，在北侧设置垂直

人行梯，建筑物的四周均设接料平台（图 8）；双排扣件式钢管脚手架，立杆纵距 1.5 米以内，大横杆距 1.2 米；室内搭设满堂脚手架（图 9）及上下坡形工作梯，直至屋面的底部；在大殿的东廊入口及北侧搭僧人、游人通道。通道与施工现场全部隔离，通道采用钢管搭设，上口采用竹笆，密目网双重封闭，两侧采用胶复合板封闭，严格按照安全操作规程的标准进行搭设。

图 5　边间佛像保护图

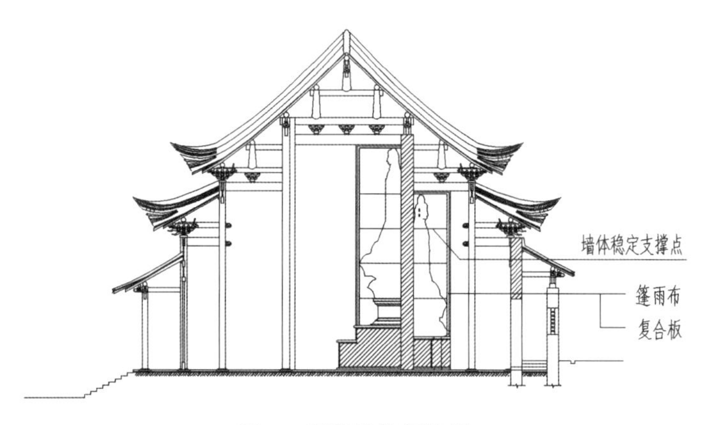

图 6　明照佛像保护图

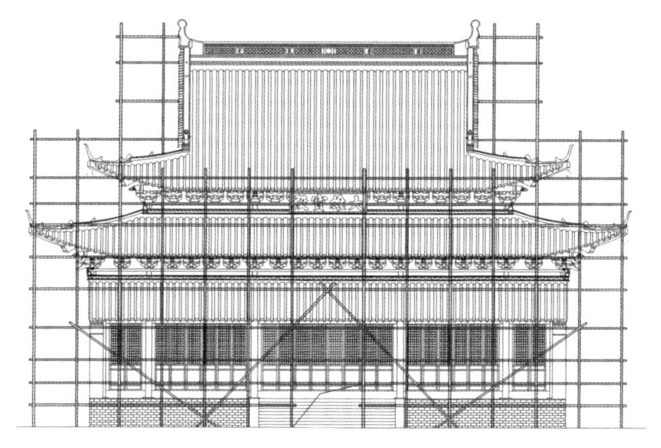

图 7　外墙双排脚手架

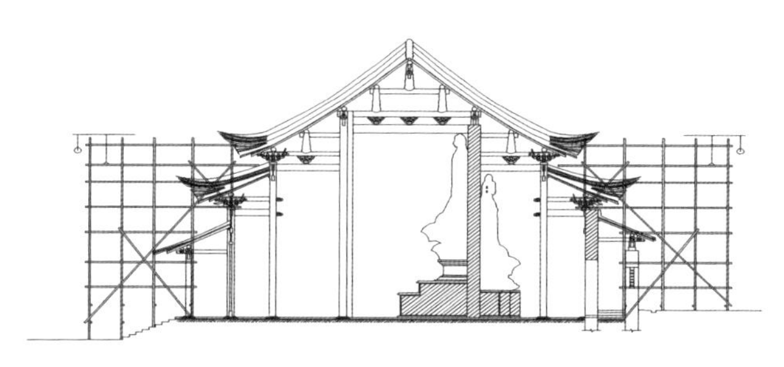

图 8　接料平台

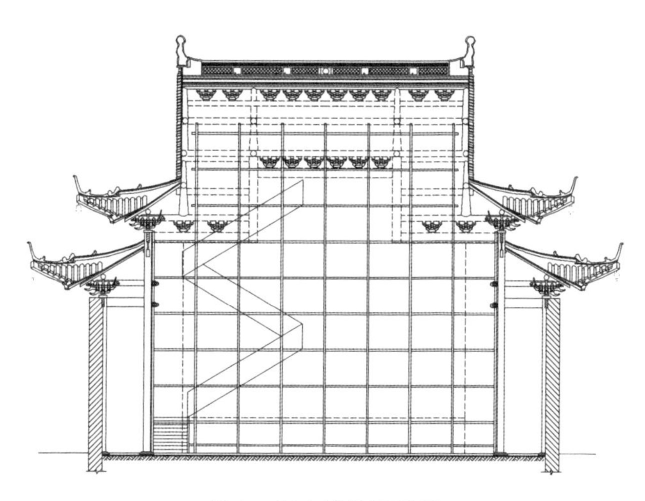

图 9　室内满堂脚手架

（二）拆除工程

首先按照僧人及文物保护的要求，瓦件拆卸之前应先切断电源并做好内、外檐装修及室内顶棚的保护工作。考虑到卸荷均匀，应四边同时拆除，拆卸瓦件时应先拆揭勾滴（或花边瓦），并送到指定地点妥善保管，然后拆揭瓦面和垂脊、戗脊、围脊等，最后拆除大脊。

（三）木构架工程

及时检查木构架体系，如需更换木构件，应及时复制更换，保持用料一致。注意收集旧料，因本工程的木构架体系用料偏小，根据保护设计方案，本工程拟对柱子采用粘贴碳纤维布（CFRP）的方法进行加固。

（四）屋面工程

屋面施工的程序是：先做脊后盖瓦。

1. 望砖：板望施工应将望砖浇刷干净，严格按照地方传统做法组织施工。

2. 盖瓦：首先分中、号垄、排瓦当；檐口的下檐分中垄与上层檐相同，上、中、下檐的中线要垂直对齐；盖边垄时，在每坡两端边垄位置挂线，铺灰，各盖两趟底瓦，一趟盖瓦，歇山排山勾滴同时盖好，两端的边垄应平行；拴线时以两端边垄盖瓦为标准，在正脊、中腰和檐头位置拉三道横线，作为整个屋顶的瓦垄控制标准。审瓦要对瓦件逐块检查，外观无明显曲折、变形，无粘疤；布瓦要点：人殿旧料用于东、南、西面，新瓦用于北屋面；考虑到操作人员多，前后或双山面同时铺盖；檐口勾头和滴水瓦盖时要拴两道线：一道线在滴水尖的位置，控制瓦的高低和出檐；第二道线即檐口线，勾头的高低和出檐均以此为标准；盖底瓦时应用铁丝开线，底灰应饱满厚度不少于 4 厘米，底瓦应窄头朝上，从下往上依次摆放，底瓦的搭接为“压六露四”，檐头的三块瓦为“压五露五”，脊根的三块瓦达到“压七露三”，灰应饱满，瓦要摆正不得偏歪，底瓦两侧灰应及时用瓦刀抹齐，不足之处需补齐，底瓦垄之间的缝隙处用纸筋灰塞严密实。盖瓦过程中，始终保持一人在远处观察，指出瓦垄存在的质量问题；盖瓦灰要比底瓦灰稍硬一点，盖瓦不要紧挨底瓦，继续以线为准，盖瓦要熊头朝上，从下往上依次安放，瓦垄的高低、直顺都要以瓦刀线为准。应特别注意不必每块都依线，盖瓦须为“大瓦跟线，小瓦跟中”。屋面盖瓦定位如图 10 所示。

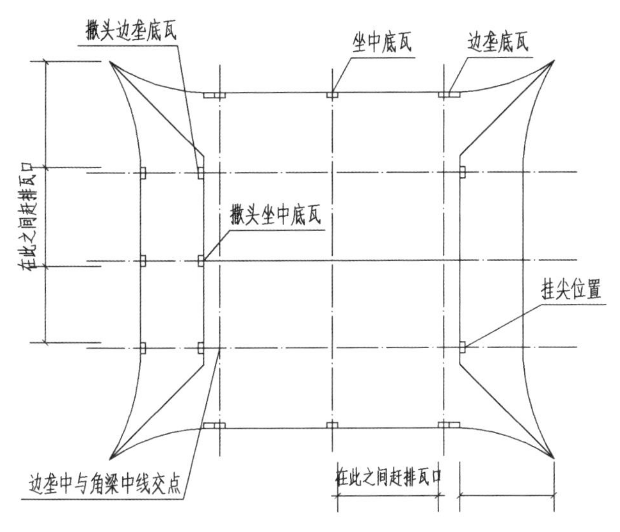

图 10　屋面盖瓦定位图

3. 筑脊：正脊、围脊及饰件的位置、造型、尺度及分层做法，必须符合原样要求，严格控制成品标准；垂脊、戗脊、博脊所用的灰泥、品种、质量、色泽应符合恢复原样和现代技术的要求，走兽、脊头中心位移偏差 ±8 毫米，垂脊、戗脊斜面直顺度在 20 毫米以内。

4. 泥塑艺术品件：灰塑件的各种材料的材质、规格、配合比应符合恢复原样的要求；对恢复原样的材料发生变化，也经建设单位、文物部门同意后方可变更；泥塑制品表面光滑，线条清晰流畅，形象生动逼真，层次清楚，立体感强，安装牢固正直，结合严密，表面洁净；认真按照原样，放大样、套样求作底样，并反映原建筑历史特点和风格。

（五）油漆工程

木基层处理：柱子需砍去原地仗重新做地仗，其余采取个别处破坏，找补地仗即可；各遍灰之间及地仗与基层之间应清理干净，粘结牢固，无脱层、空鼓、翘皮和裂缝等缺陷。

七、结语

扬州大明寺抢救性保护工程（图 11）是国家发改委拨款修缮的项

目，国家、省、市文物部门、宗教部门都十分重视，是文物保护工作中的一件大事。在各级相关领导及专业人士的共同协作下，坚持了“保护为主、抢救第一”的方针，是新形势下开展文物建筑保护工作的重要工程实践活动。保护修缮过程中充分体现了执行国家设计与施工验收规范，贯彻国家文物保护的方针和政策；以数据化表述工程档案信息；施工组织方案是控制修缮过程的重要文件；分部分项工程严格按照工序及工艺标准进行施工；各种试验材料检验试验合格，各项技术资料齐全；新技术运用谨慎；严格遵循工程施工周期及文明施工；各种检测报告齐全，观感效果良好；严格控制修缮范围，有效节约投资成本。本次修缮未对20世纪90年代歇山山花板上新开天窗进行整改，木柱油漆的大红色未进行进一步考证，以及地砖规格等的问题，将在今后修缮时进一步改进。

图11　修缮后大明寺大雄宝殿

（本文原载中国文物学会第二十届年会文集《中国古建园林三十年》，2014年由天津大学出版社出版）

扬州大明寺景区保护建设与环境艺术赏析

“游人若论登临美，须作淮东第一观。”这是北宋著名词人秦少游对大明寺的评价，称大明寺为淮东第一胜境。大明寺坐落在扬州城北蜀冈中峰，占地800余亩，山体不高，山上古木参天，南接风景秀丽的瘦西湖。寺院始建于南朝宋孝武帝刘骏大明年间（457—464年），已有1500余年的历史，是集园林、寺院、纪念性建筑与教育基地为一体的风景名寺。唐朝时，寺内高僧鉴真东渡日本弘法；宋朝欧阳修、苏轼先后在寺中建平山堂、谷林堂，被誉为文坛佳话。清代康熙、乾隆两帝巡察该寺，辟西园，长期以来一直在保护中建设，成为唯一一处记载扬州城市建设通史的建筑群（图1、图2）。同时，大明寺也是扬州传统建筑中代表性最高、历史文化价值和技术成就最丰富的圣地。本文就其园林、建筑空间及环境的特征做简要分析和研究（图3）。

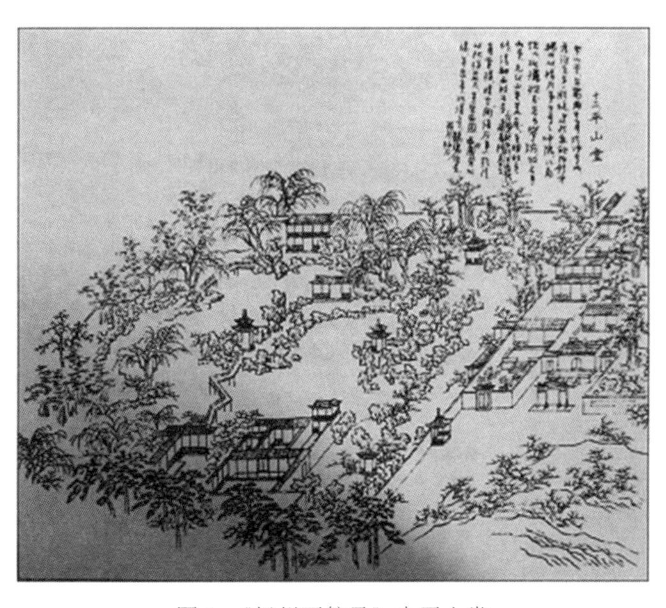

图1 《扬州画舫录》中平山堂

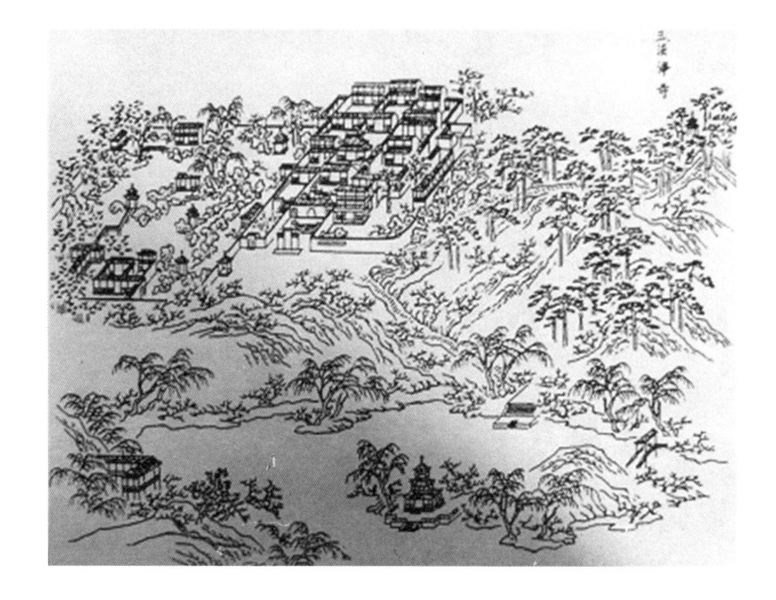

图2 《扬州胜景图集》中的法净寺

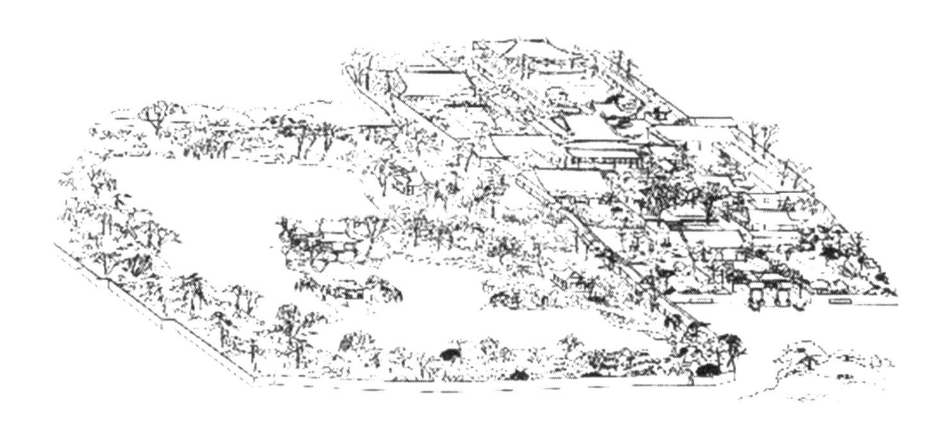

图3 20世纪70年代大明寺鸟瞰图（引自《扬州园林》陈从周著）

蜀冈山体不高，仅100米有余，地势平坦，建筑密度较大，顺着百级石台阶，可至大明寺牌坊。从寺院的平面布局看，牌楼、山门殿、大雄宝殿等主体建筑布置在一条南北中轴线上，并依山势，呈现出由低向高逐渐攀升的格局。大明寺与中国寺院建筑的传统布局相一致。在以大雄宝殿为主体的南北中轴线的西侧，又有平山堂、谷林堂、欧阳修祠等建筑，构成平行的西轴线。在其之西为西园，又名芳园、御苑。在以大雄宝殿为主体的南北中轴线的东侧，由晴空阁、门厅、碑亭、鉴真纪念堂等建筑构成平行的东轴线。

由鉴真纪念堂碑亭前小道东行，走下山道，又陆续移建了藏经楼，复建了栖灵塔、卧佛殿、钟鼓楼等相关建筑，形成了错落有致的开放空间——东园古建筑群。自 2005 年以后，在寺院的北侧以大雄宝殿为中轴线又增建了鉴真学院，作为培养佛教人才的重点基地。大明寺内共有六部分建筑群和园林景观的结合，构成优美秀丽的风景名胜区（图 4）。

图 4　大明寺鸟瞰图（大明寺提供）

身临其境，空间感觉开朗而多变，各建筑之间既独立存在又相连续，且视线上不受干扰。其特征表现在：

1. 布局适宜

大明寺建筑依山逐渐增高，错落有致、组合自然，总体布局以大雄宝殿为中心（图 5）。在大雄宝殿东南有“文章奥区”，与之相对称的是“仙人旧馆”园门，可以分别进入东轴的“鉴真院”、西轴的平山堂。这种布置很好地借助了空间的组织与导向性，起到引导与暗示的作用。主轴线以外的东西轴线：西轴线以欧阳修祠西侧园门入西园，东轴线的碑亭以深深小巷入东园，体现出园林景观渗透有序、层次分明的效果，可谓小中见大，曲径通幽。当步入内园，顿觉空间豁然开朗。东轴、西轴傍山寺中轴而立，东园、西园分别体现了造园的“露”和“藏”的特色，总体布局以不规格的图形构成对称的院落，显得别具一格，烘托出一种浓厚的文化氛围（图 6）。

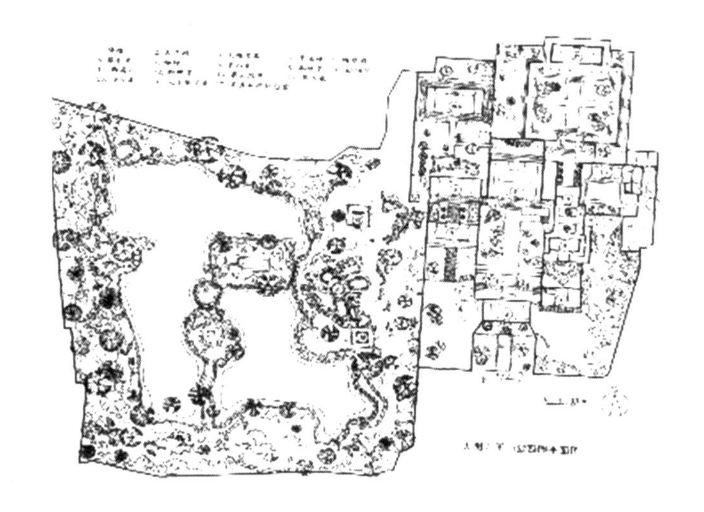

图5　20世纪70年代大明寺平面图（引自《扬州园林》陈从周著）

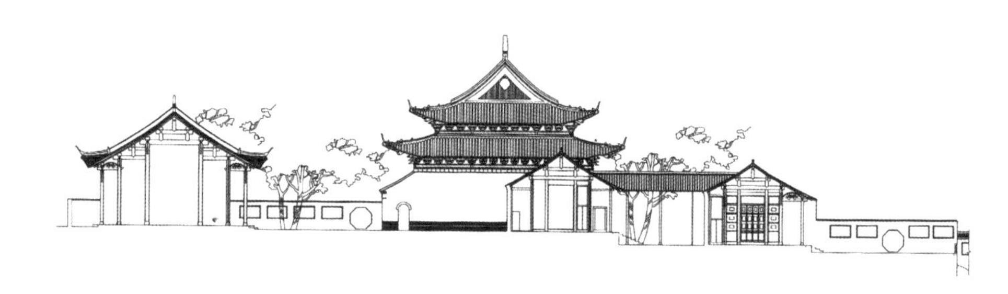

图6　平山堂西轴线剖面图

2. 东园借景

东园作为大明寺举行活动的场所，以栖灵塔为中心，前后钟鼓楼、卧佛殿、藏经楼、斋堂等建筑组成了独特的古建筑群。其创作源于牌坊上书写的“栖灵遗址”典故。隋文帝杨坚在仁寿元年（601年）过生日时，曾下诏在全国建立30座供养佛舍利的塔，栖灵塔便是其中之一。唐代大诗人李白曾登塔赞叹“宝塔凌苍苍，登攀览四荒”。白居易、刘禹锡同游该塔，白居易留诗道：“半月悠悠在广陵，何楼何塔不同登。共怜筋力犹堪在，上到栖灵第九层。”刘禹锡写道：“步步相携不觉难，九层云外倚阑干。忽然笑语半天上，无数游人举眼看。”

复原后的栖灵塔为方形，总高度73米，共九层，为仿唐建筑。仰视孤峰耸秀、矗入云霄；登临高处则胸襟开阔；俯视扬州城郭，大自然的景色与寺内景观融为一体。反之，自低向塔而视，又使人感到气势雄伟，含蓄、意远、境深。在大明寺景区的任何方位，均可以以栖灵塔（图7）作为借景的景色，充分表现出中国园林借景的艺术。

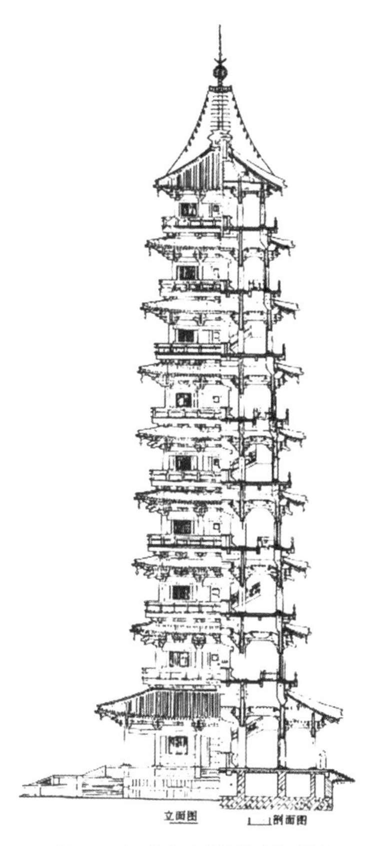

图7 大明寺栖灵塔剖面图（潘德华绘）

3. 西园意境

西园，也称“御苑”，是乾隆帝多次临幸之地(图8)。四周丘陵起伏、山路环绕、竹木苍翠、绿树成荫，手法上因势造景。它巧借“四周高、中间低”的锅形地势，东部平旷、西部深邃，以水为主，内有楠木厅、柏木厅、船厅、天下帝王泉、梅亭、康熙碑亭、乾隆碑亭、石涛墓塔。水体的处理、山体的形态、厅房的布局、叠石的安排，均注意到因地制宜，是一处极为精致的人文景观。同时，自然环境与建筑空间的交错处理也有移步换景的效果。

图8 西园五泉亭

其造园特色：一是将水分上下二池，下池面积广阔，湖光倒影，上池狭小，势如山涧的写真。二是假山以石为主，分为上山和下山，下

山气势博大，上山则曲折婀娜。山中叠有石屋，形式多异。既叠有洞谷，宛转曲折；又叠有悬崖，悬崖挂有垂柱。山南还叠有巨峰，状如拱云，横跨山涧，屋前、岩下水池绕山而行，生机盎然。三是碑亭、井亭、水上建筑、墓园等体现了较高的艺术性、文化性。西园巧妙体现了“藏建筑于茂盛的山林之中”的意境。这种处理手法在中国园林中是罕见的。

4. 组合有序

空间组合基本上以院落为单位组成。各组建筑群，均有核心建筑。具体而言，中轴线为大雄宝殿，西轴线为平山堂，东轴线为鉴真纪念堂，东园为栖灵塔，西园为楠木厅，鉴真学院为鉴真图书馆，形成以内院为中心的格局。同时，通过景墙、植物、地形建筑布局的灵活处理，充分把握内向布局与外向布局的互映关系，取得了较好的景观效果，使整个建筑群具有较强的整体性（图 9）。

图 9 西轴线剖面图（引自《江南理景艺术》，潘西谷编）

5. 风格独特

大明寺的建筑历经战乱兵焚，时至清同治年间，社会日趋稳定，经济复苏，方有重建之举。因此，寺院的古建筑，多为晚清风格；平山堂、谷林堂、欧阳祠含有宋代建筑元素；牌楼为民国四年重修；鉴真纪念堂（图 10）为仿唐建筑，由著名建筑学家梁思成主持设计，1984 年建成；藏经楼于 1985 年由福缘寺迁入，围护结构为标准青砖水泥勾缝，其主形式仍为清式构架及装修，有新中国建筑元素；卧佛殿于 1997 年建设，保留晚清风格；栖灵塔，钟鼓楼均为仿隋唐建筑；鉴真学院（图 11）将唐风元素融入现代建筑。因而，整个寺院建筑涵盖了汉、隋、唐、宋、清、民国、近代的风格，可谓是扬州古建筑的浓缩型博物馆。

图 10　鉴真纪念堂

图 11　鉴真学院

6. 植物造景

大明寺植物品种丰富，现有灌木、乔木、木本、草本、藤本等各类植物 80 余种。主要包含黑松、雪松、罗汉松、马尾松、白皮松、圆柏、侧柏、猴掌柏、龙柏、大叶女贞、三角枫、五角枫、无患子、垂柳、直柳、柽柳、阔叶十大功劳、金桂、银桂、白玉兰、广玉兰、紫玉兰、棕榈、黄连木、芭蕉、琼花、樱花、紫藤、紫薇、垂丝海棠、蜡梅、月季、香樟、香椿、乌桕、朴树、榉树、青桐、铁树、国槐、刺槐、栝楼、紫荆、榔榆、白榆、桑树、红豆树、皂角、银杏、瓜子黄杨、麻栎、喜树、苦楝树、蓑衣槭、枇杷、杜鹃、金丝桃、夹竹桃、茶叶树、木香、拐枣树、丝绵木、金钟花、迎春花、牡丹、天竺、刚竹、紫竹、斑竹、箬竹、淡竹、龟背竹、麦冬、夹竹草、木半夏、络石、石蒜、爬山虎、扶芳藤、虎耳草、二月兰、荷花等。大明寺现存古树名木 64 株，品种有琼花、圆柏、榉树、三角枫、

黄连木、朴树、红豆角、皂角、桂花、银杏、日本樱花、麻栎、喜树、龙柏、瓜子黄杨等。其中一级古树名木6株，二级58株，占扬州市区古树名木总量的16.6%，还有药材园、茶园及湖内水生植物，素称扬州的“植物园”，大明寺的历史文化底蕴及地位可见一斑（图12）。

在植物品种丰富的基础上，种植方法以点种和丛植相结合，乔木、灌木、草本、藤木、落叶与常青相结合。人们在此游览，既可观花赏叶，也可赏建筑风光，通过植物遮挡、显露、衬托等，丰富空间层次、加大景深，营造出不同程度的含蓄之意（图13）。

图12　鉴真纪念堂前园景

图13　藏经楼园景

7. 保护建设

扬州大明寺景区具有丰富的历史文化传统底蕴，长期以来一直注重保护与建设相协调，注重整个景区和有形文物相互烘托，共同构建了扬州城市建筑风格，共同构成了城市发展的历史文化遗产。保护区的景区修缮、改造、景观提升都遵循国家有关文物保护的法律、法规予以改建、扩建。保持其原真特性，做到原貌保护“修旧如旧”。扩建、新建的景区把握风格定位，统一以唐风为主流，如东园古建筑群、鉴真学院，必须符合传统形制、传统风格，同时适当增加现代设施，处理好保护与利用的关系。扩建景区在色彩、用料、尺度等方面，技术与整个风格相协调，表现了以文物保护为主题，使风景区建设具有历史可读性（图 14）。

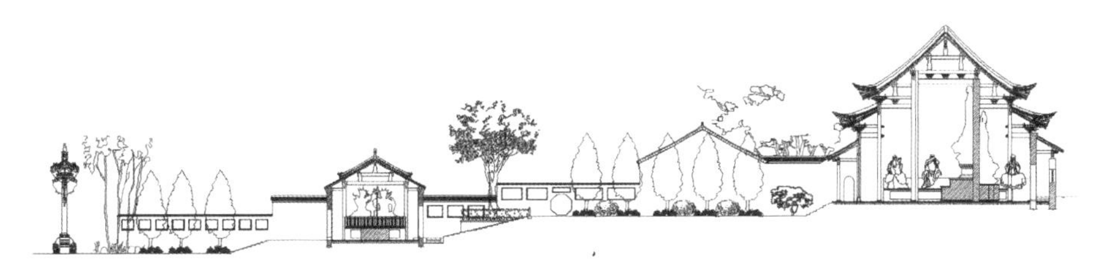

图 14　大明寺中轴线剖面图

扬州大明寺千年来一直在保护中建设，突出风格定位，关注了新景区与老景区的不同建设与保护方式。其园林建筑的空间与环境，充分体现了中国园林对于意境的追求，既有空间序列分明、婉转曲折、错落有致的建筑景观特征，又有藏与露、幽深与开朗、起伏与渗透、虚与实对比的造园手法。目前，扬州大明寺是 AAAA 级旅游风景区，并被列为国家级文物保护单位（图 15）。

图 15　大明寺入口景色

（本文原载《古建园林技术》2009 年 04 期）

扬州名园赏析

扬州园林素负盛名，《扬州画舫录》有“杭州以湖山胜，苏州以市肆胜，扬州以园亭胜，三者鼎峙，不分轩轾”之句。现存的扬州名园有两类：一是沿护城河而建的集锦式园林，如瘦西湖“二十四景”，简称“湖上园林”；二是坐落在城内的私家宅园，如何园、个园、小盘谷、逸圃等，均以叠石见胜，简称“城市山林”。据统计，扬州城内私家园林最盛时有200多处（图1）。本篇以这两类的代表性园林——瘦西湖，何园、个园以及小盘谷进行赏析。

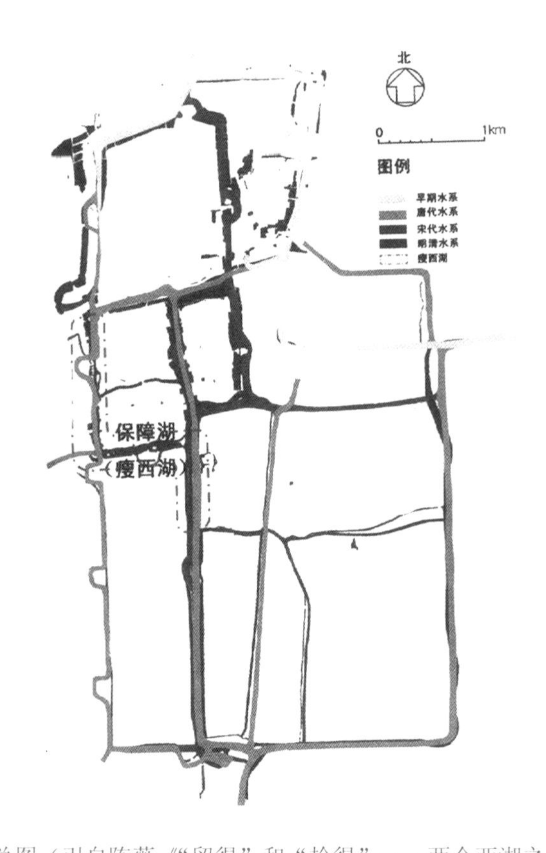

图1　瘦西湖总图（引自陈薇《“留得”和“拾得”——两个西湖之中国古典智慧》）

瘦西湖原名保障河，原本是人工开凿的城濠和通向古运河的狭长水系，至清代康熙、乾隆时期，形成了“两堤花柳全依水，一路楼台直到山”的湖上园林胜景。瘦西湖（图 2）二十四景中的白塔、五亭桥等多处景点皆为模仿北海景观所建，集中体现了乾隆皇帝的造园思想。

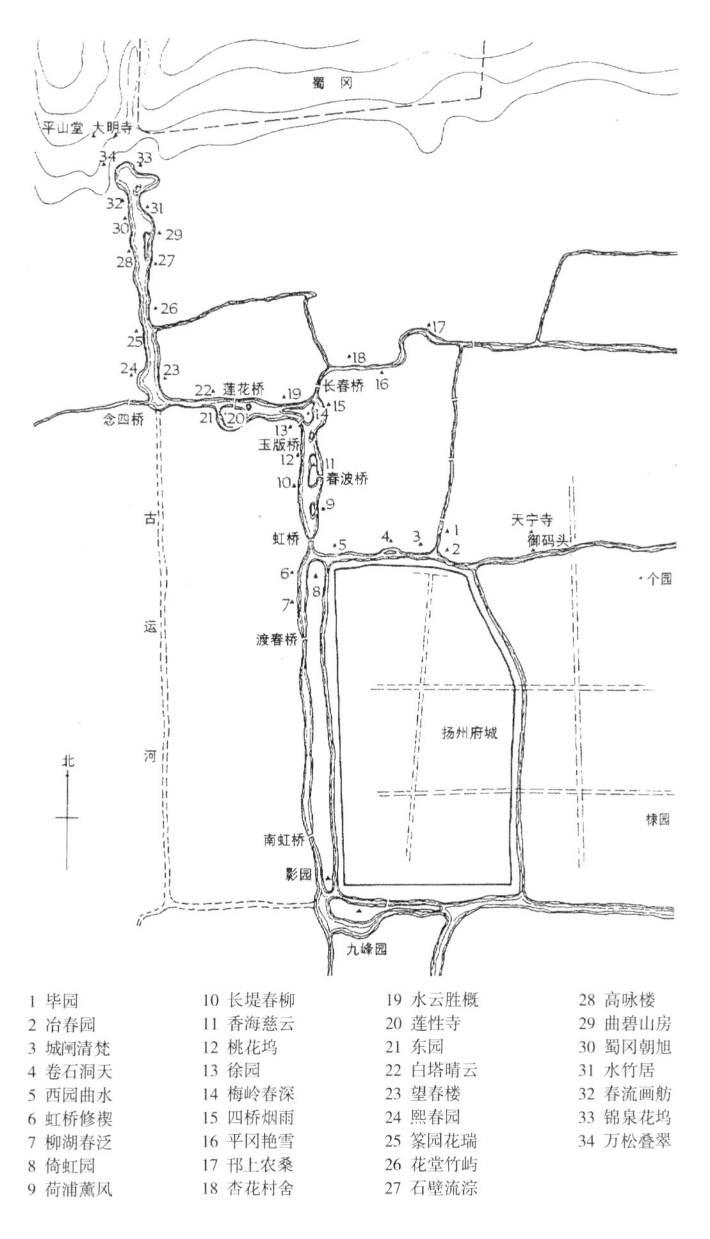

图 2　瘦西湖主要景点及周边园林分布

从东门进入，步行数十米就能看到蜿蜒 600 余米的长堤春柳，三步一桃，五步一柳，桃柳相间，春季花开，垂柳抽芽，正是沿湖漫步的好时节；沿湖接着往北而行，到达徐园（图 3），徐园作为瘦西湖景点

展开的序幕，构园手法精妙，馆轩布置错落有致，庭院起承转合，园内荷池与园外曲水相连；绕过徐园，立于小红桥（图4），小金山赫然耸立，湖面也豁然开朗；小金山西麓有一堤通入湖中，堤端为一方亭，即钓鱼台（图5），从钓鱼台两侧圆形拱门中恰能看见五亭桥与白塔二景，是中国园林的“框景”典范；“二十四桥明月夜，玉人何处教吹箫”，瘦西湖中二十四桥的名称便由此而来，二十四桥为单孔拱桥，汉白玉栏杆，如玉带飘逸，似霓虹卧波（图6）；经二十四桥再往东北方向而行，就是万花园，以花文化为主题，内有石壁流淙（图7）、静香书屋（图8）、白塔晴云（图9）等著名历史景点。窈窕蜿蜒的狭长水面串起两岸景点，水波碧绿，风雅秀丽，形成一幅徐徐展开的国画长卷。

图3　徐园

图4　小红桥

图 5　钓鱼台

图 6　二十四桥

图 7　石壁流淙

图 8　静香书屋

图 9　白塔晴云

瘦西湖风雅在"瘦"字,景妙在"巧"字。瘦长的水面通过柳堤、石桥、浮岛的划分，充分利用了水景资源的优势，营造水泊、洼地、叠石跌水、潺潺流水等不同形态的水景，结合假山石景、植物造景以及形态优美的亭台楼阁，形成层次分明、开合有度的别致景色（图 10）。更巧的是景点的布置，在花木山石的掩映下影影绰绰，但是在园中随着动线与视角的转换，各处景致能相映成趣，正是一步一景、步移景异，园中有园，借景手法之巧，难以言喻（图 11）。

图 10　瘦西湖园景（一）

图 11　瘦西湖园景（二）

扬州以名园胜，名园以叠石胜。个园中的“四季假山”，就是其中的著名代表作，个园的四季假山随着空间转移而窥见四时之景变换，其堆叠之妙可谓“国内孤例”，独树一帜。清嘉庆二十三年，黄至筠在明代寿芝园旧址上建园，因“园内池馆清幽，水木明瑟，并种竹万竿”，故取名个园（图 12）。

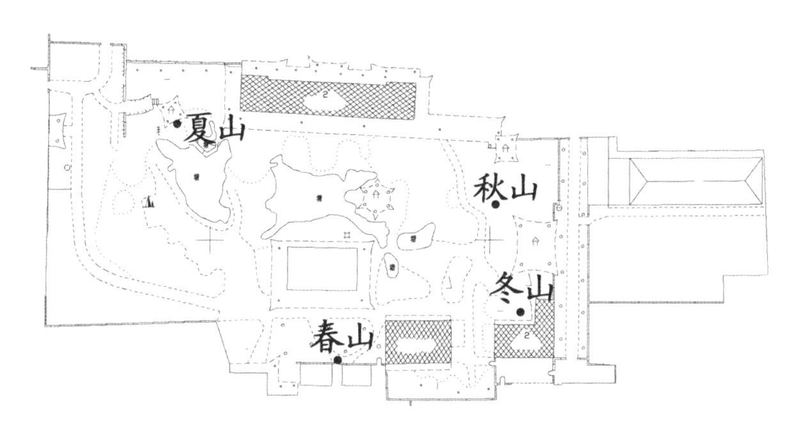

图 12　个园总图

个园全园分为南部住宅区、中部四季假山园林区、北部品种竹观赏区三个区域。从南部住宅区进入，进入上书“个园”二字的门洞后，首先映入眼帘的就是春景，片植竹丛，其间点缀石笋，以“寸石生情”之态，点出“雨后春笋”之意（图 13）。园林西北处，置大片青灰色太湖石，利用太湖石瘦、皱、漏、透的特性进行假山石景的堆叠，营造出云翻雾卷之态，结合摇曳生姿的荷花，夏日舒云晴空，荷香阵阵的景象便跃然于眼前。夏山山顶建一亭，沿蹬道至抱山楼（图 14），经过长廊可至秋景假山，移步换景，便可感知四季意趣，可谓精妙至极！秋山是全园的制高点，用嶙峋的黄石堆叠，辅以鸡爪槭、红枫、枫香等秋季色叶植物，营造出金秋的色泽与氛围（图 15），粗犷的假山石隙中松柏横生，更是别有一番空旷高远之感。冬季假山位于东南小庭院中，选用色泽莹白的宣石倚墙堆叠，宣石假山中含石英，在阳光下莹莹放光，犹如深冬被雪粒覆盖之景。墙上开四排孔洞，利用窄巷高墙的空气流动形成北风呼啸之感，更添寒意（图 16）。

图 13　个园春景

图 14　个园夏景

图 15　个园秋景

图 16　个园冬景

个园的最大特色便是这四季假山的营造，融造园法则与山水画理为一体，巧妙地在面积有限的园林里表达出“春景艳冶而如笑，夏山苍翠而如滴，秋山明净而如妆，冬景惨淡而如睡”四季分明的别致风味，被陈从周先生誉为“国内孤例”。

何园被誉为晚清扬州园林第一园，原名寄啸山庄，“复道回廊”“星月水做”为其特色，名字取自陶渊明的《归去来兮辞》：“依南窗以寄傲，登东皋以舒啸。”后由何芷舠购得，扩建成园林，遂名“何园”（图 17）。何园全园分为东园、西园、园居院落和片石山房四个部分。从东门进入，映入眼帘便是牡丹厅，复向东而行进入后花园的东园。东园中的主体建筑为形似船状的歇山建筑船厅，水为旱做，利用鹅卵石、砖块等材料铺成水波纹的形状，给人以水居之感（图 18）。船厅四壁皆以花窗为主，营造通透的视线，与厅北假山顶的圆亭形成对景。西园以大水池为中心，亭廊楼阁围池而建。池北蝴蝶厅为西园的主体建筑，楼旁连复廊，可绕全园徐徐而行，廊壁上开有漏窗，可互见两边景色，通透深远。何园的复廊长 1500 余米，将园内的各个片区串联在了一起，复廊的交叉口通向两个地方，一边通向读书楼，一边通向蝴蝶廊，起到了分流引导的作用，其构思精巧，流线分明，被认为是中国立交桥的雏形（图 19）。复廊还与片石山房相连，片石山房腹地的假山是石涛所叠，体现了石涛所谓“峰与皴合，皴自峰生”的画理，假山精巧奇峭，独峰耸翠，秀映清池。最精巧的是假山与水池结合而造的山涧丘壑，其有“白日明月”掩映，利用假山石隙透光，在水面映出月影，创造这一奇观（图 20）。柳北野有诗道：“苦瓜和尚号清湘，累石丹青各擅长。一自江都书画歇，人间孤本有山房。”

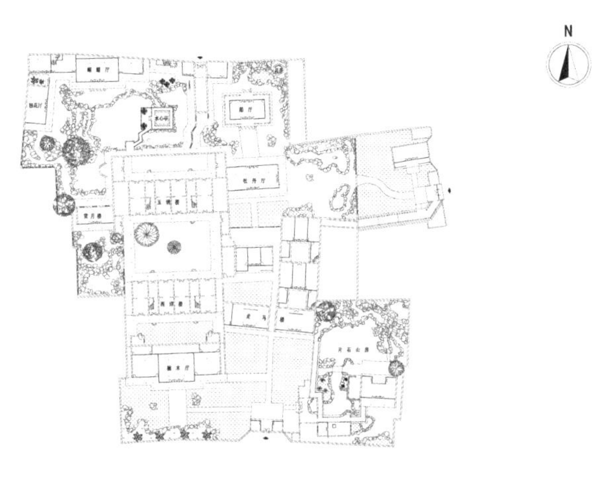

图 17 何园总平面图

图 18　何园船厅

图 19　何园复廊

图 20　片石山房

小盘谷为清光绪年间两江总督周馥私园，因韩愈名作《送李愿归盘谷序》而得名。小盘谷占地面积仅 5700 多平方米，园内假山峰危路险，苍岩探水，溪谷幽深，石径盘旋，是扬州园林以小见大的名作。园内虽无高山大水，却曲折得宜，起伏有致，能于微小处见文章，简中寓繁，蕴藉多姿（图 21）。

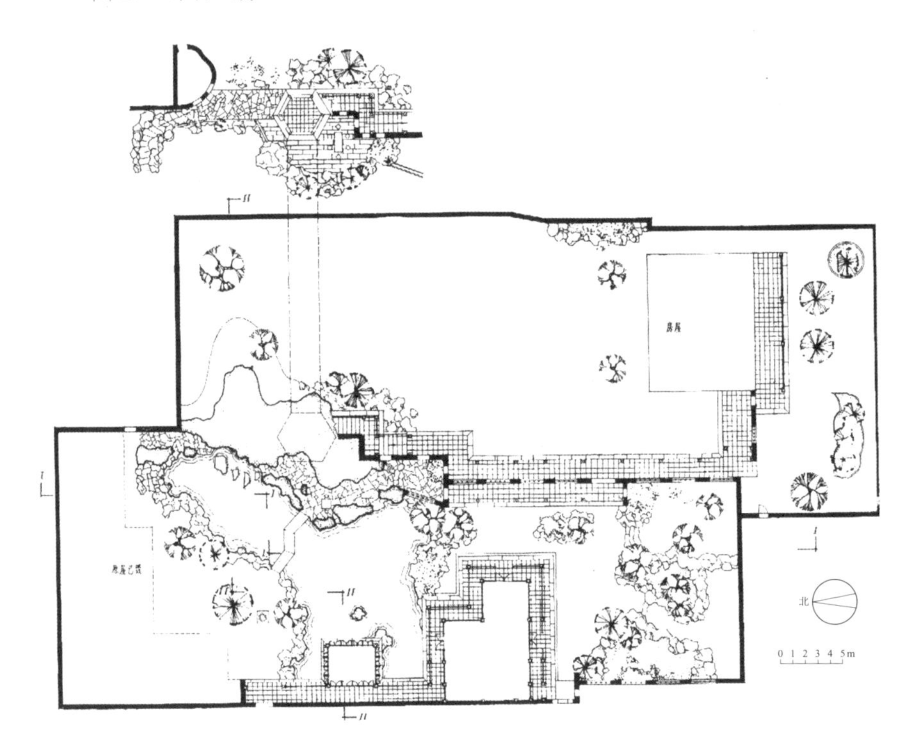

图 21　小盘谷平面图（引自《扬州园林》陈从周著）

小盘谷（图 22）分为东轴区、中轴区、西轴区、新建建筑区，其中小盘谷东部区域，由复廊、花墙相隔成东、西两园，期间有月洞相通，相互掩映，似隔非隔，增加景深。东园主体为人工精心构造的琼楼亭阁，西园为绿叶扶疏的自然山色，一密一疏，一匠一朴，相得益彰。小盘谷中假山兀立，高险磅礴，有九狮粗狂雄浑之态，因此谓之“九狮图山”。九狮图山峰峦重叠，狭路蜿蜒，与爬山廊相依而建，拾级而上，可见山下悬崖幽壑，流水淙淙，颇有登高望远之豪情。山顶地平，建一六角亭，半隐于耸峰东侧。亭中棋盘桌椅俱全，环境清幽，环顾四周，全园美景尽收眼底。另有贴壁假山倚粉墙而建，中空外奇，最大限度地利用空间，展现峰奇俊秀，空谷深幽之感，将以小见大的手法发挥到了极致（图 23）。

图 22　小盘谷园门

图 23　小盘谷剖面图（引自《扬州园林》陈从周著）

扬州园林大多为盐商富人所建，受北方皇家园林与江南文人园林影响，既有北方园林的大气磅礴之感，又兼具江南园林蜿蜒委婉的文人意趣，现今遗存的扬州园林大多占地面积较小，却能以小见大，于细微处见自然山色，匠心独具，自成风骨，成为中国园林艺术的典范（图 24）。

图 24 小盘谷东部廊亭

（本文为 2008 年在扬州召开的《中国民间建筑与古园林营造学术研讨会》上的交流材料）

历史园林的保护

历史园林的保护在我国城市建设，特别是旧城改造建设和文化遗产保护中面临着严峻挑战。笔者一直从事传统园林与古建筑保护的工作实践，通过参加由中国建筑学会建筑史分会与潍坊市人民政府联合举办的中国古典园林国际研讨会，结合阅读2005年10月30日通过的关于中国特色的文物古建筑保护维修理论与实践的共识——《曲阜宣言》，深感历史园林保护与修缮中的诸多具体问题有待进一步提高认识，或许对我们以后的工作研究能提供参考。

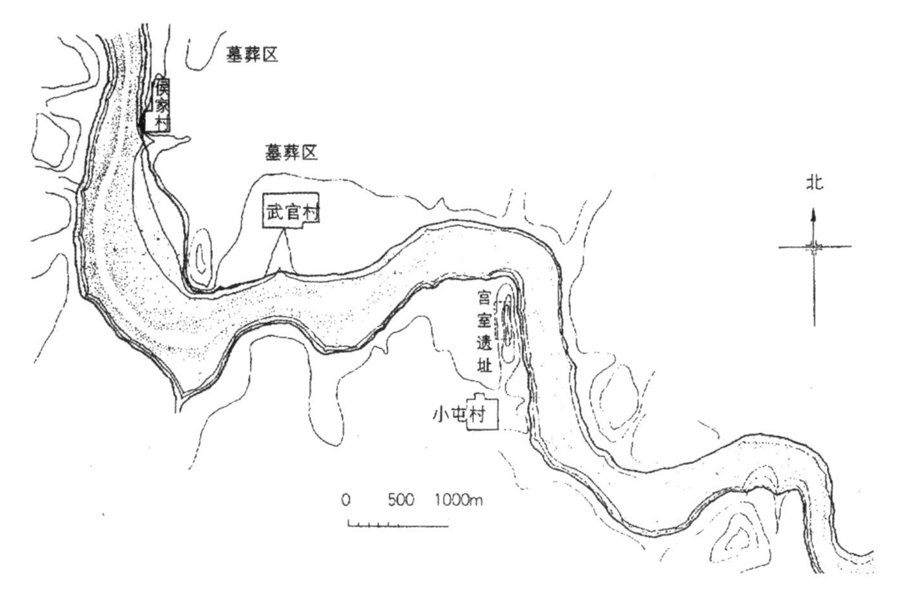

图1 殷墟总平面图（刘敦桢《中国古代建筑史》）

一、历史园林保护的原则

（一）植物的保护原则

历史园林是表现文明与自然直接关系的文物古迹，对它的保护与利

图 2　辉县出土的战国铜鉴图案（郭宝钧：《中国青铜器时代》，北京，三联书店，1963）

用，应在国家文物保护的相关法律法规的指导下，结合 1982 年 12 月 15 日古迹遗址理事会（ICOMSO）提出的作为《威尼斯宪章》附件的历史园林保护的专业文件的精神，把握如下原则：

1. 作为活的古迹，应保持历史园林的原真性，包括诸如山体、水系、植物、建筑以及相关联的应用古典园林借景的园外环境。

2. 对历史园林不断进行保护，由于中国园林中的植物多数具有象征意境，因而在保持原有品种的平面布局不变的情况下，保持各个部分的造景格式和尺度，需制定长期的保护计划，进行必要的更换和调整，保持原真的景观特征。

3. 对生长比较奇特和寿命长久的名树古木需加以保护，定期更换的乔木、灌木、植物和花草的种类必须符合地域性要求。

4. 合理使用历史园林，必须将其保存在适当的环境中，任何危及生态平衡的自然环境变化必须加以禁止。

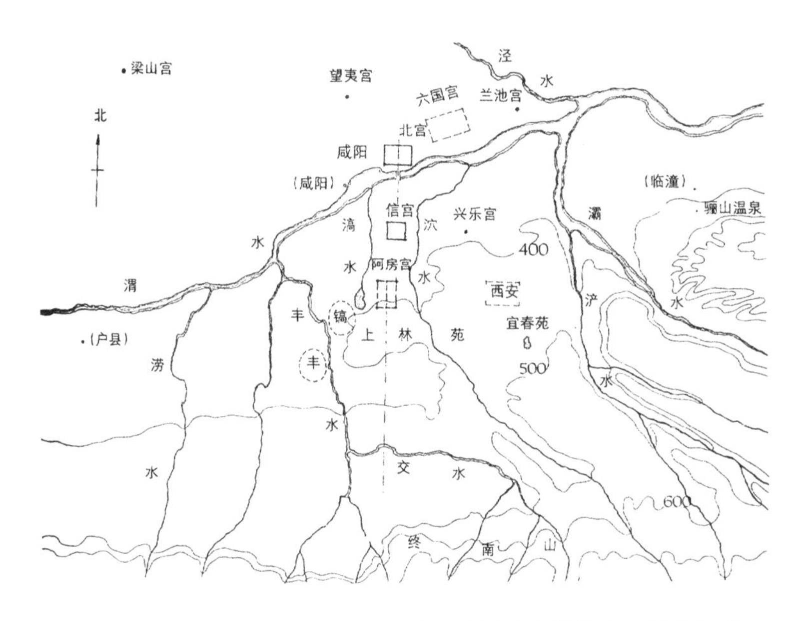

图 3　咸阳宫主要宫苑分布图（引自《中国古典园林史》周维权著）

（二）设施的保护原则

历史园林中的设施包括建筑、假山、池壁以及砖雕、木雕、石刻、壁画、泥塑、彩画等艺术品，应参照文物建筑的保护，1982 年全国人大常委会通过的《中华人民共和国文物保护法》第十八条明确规定“在进行修缮、保养、迁移的时候，必须遵守不改变文物原状的原则”。国际古迹遗址理事会中国国家委员会（ICOMOSCHINA）结合中国的实际，尊重以《威尼斯宪章》（1964 年 5 月 25 日—31 日通过）为代表的国际文物建筑保护原则，制定了《中国文物古迹保护准则》（2000 版，2015 年修订），该保护准则强调了对文物古迹保护修缮应遵循的原则：

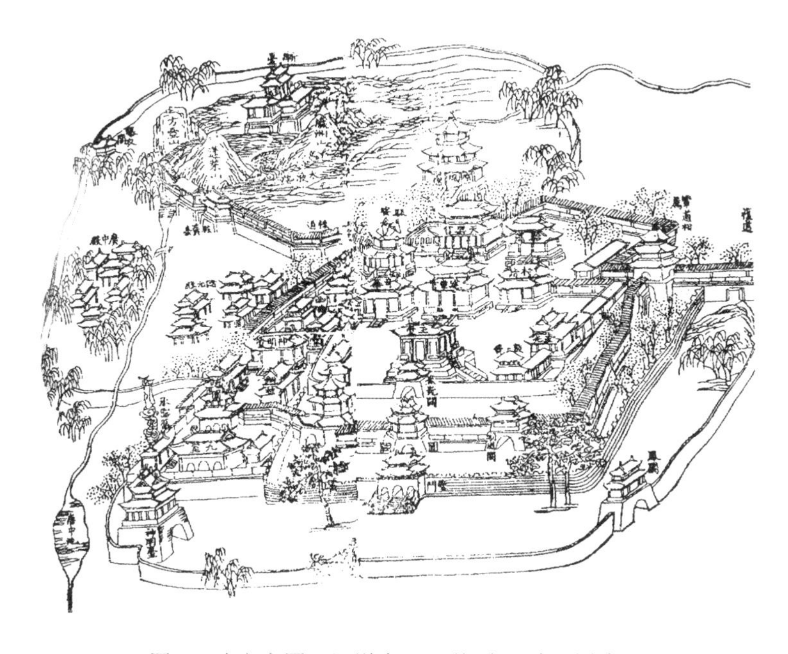

图 4　建章宫图（汪道亨、冯从吾：《陕西通志》）

1. 必须原址保护，易地保护需依法审批。

2. 尽可能减少干预，应以延续现状、缓解损伤为主要目标。

3. 定期实施日常保养，需制定保养制度，定期监测。

4. 保护现有实物原状和历史信息，与实物相协调，可识别，有记载。

5. 按照保护要求使用保护技术，传统工艺必须保留，新技术新工艺必须可靠。

6. 正确把握审美标准，即保持历史的真实性。

7. 必须保持文物环境，文物环境与文物古迹统一进行保护。

8. 已不存在的建筑不应重建。

9. 考古发掘应注意保护实物遗存。

10. 预防灾害侵袭。

二、实践中遇到的具体问题

1. 在政策方面，虽然我国制定了一些相关的法律及准则，但是还不够完善，在实际工作中可能出现操作性不强的问题。不少城市为了体现政府政绩，将历史园林及古建筑置于严重破坏的可悲局面。如果没有法律法规上的具体制约，类似情况今后可能会更加严重。

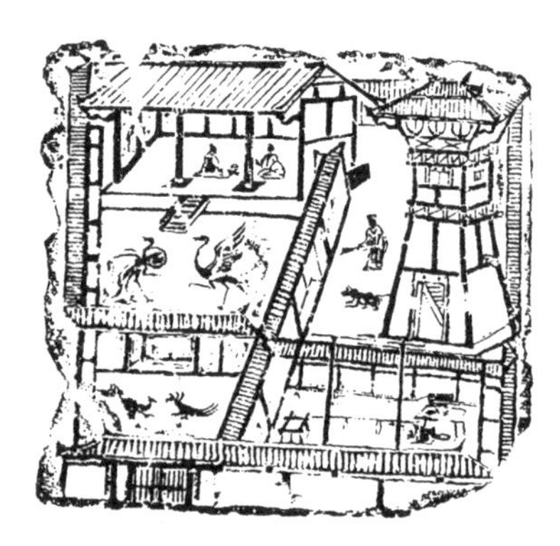

图5　四川出土的东汉画像砖（文志远等:《四川汉代画像砖与汉代社会》，北京，文物出版社，1983）

2. 对于历史园林及古建筑的政策和理解不同，有“不改变文物原状”“整旧如旧”“修旧如旧”“修旧如新”等不同说法。目前的保护基本上采用专家论证的方法，由于在文字概念和内涵上缺乏严谨性，专家们的理解也见仁见智，无法统一思想，最终很难定夺，给决策者带来一定困难。因此，依法办事，按照法律法规来保护就显得尤为重要。

图6　北朝孝子石棺侧壁之雕刻（原件藏美国Nalson Atkins美术馆）

3. 在历史园林的保护与管理上，管理与使用体制关系不顺，加之对历史园林与建筑的特殊性认识不足，对损毁的原因不做分析，没有掌握古建筑的专业知识，进而出现“什么都不许动”的教条主义思想。

4. 在历史园林及古建筑的修缮过程中，不少非专业队伍为了追求经济效益，故意扩大修缮范围，加上投标时采用低价中标，结果形成偷工减料、粗制滥造的局面，不是保护，反而是对文物形成破坏。

5. 设计方面有时过分强调理论性的安全，不结合实际，为减少麻烦，大多主张拆除更换，对加固方面缺乏多专业的合作。

6. 使用单位力求能够多修就多修，不留隐患，越新越好，修复后能减少维护成本，导致保护性破坏。

图 7　华清宫图（汪道亨，冯从吾：《陕西通志》，清乾隆刻本）

图 8 （南朝 ▪ 梁）荆浩：《匡庐图》

三、历史园林保护及修缮的方法

1. 必须制定保护范围，做出保护规划，制定保护的评价标准及规范。

2. 必须遵守不改变文物原状的原则。关于文物的原状解释，1986 年文化部颁布的《纪念建筑、古建筑、石窟寺等修缮工程管理办法》中解释比较明确，指（文物）始建或历代重修、重建的原状。

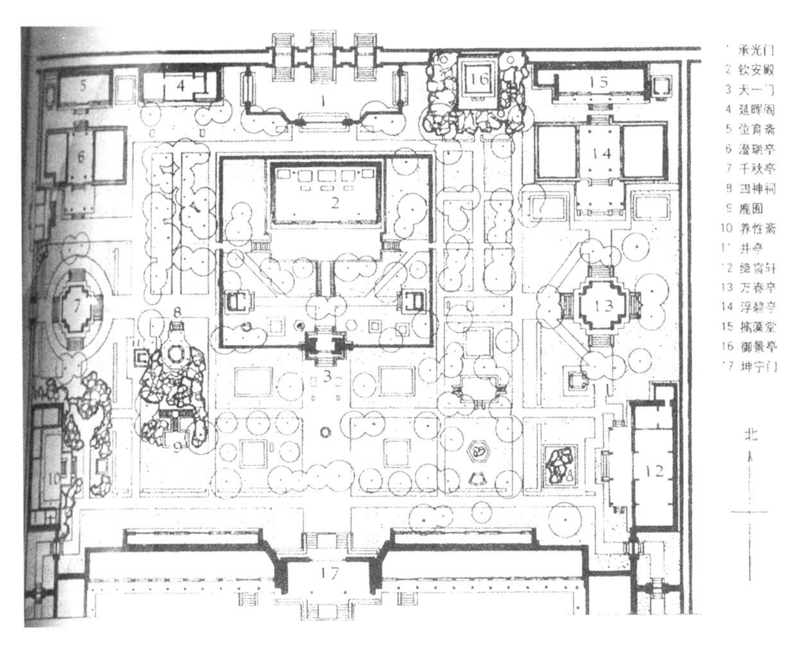

图 9　御花园平面图（天津大学建筑系:《清代内廷宫苑》）

3. 历史园林保护及修缮需具有专业资质的设计单位和具有丰富经验的设计人员来完成原形制的控制。需要针对不同部位的损毁状况进行诊断，既要进行总体方案设计，又要深入过程设计，明确具体的技术措施。

图 10　方壶胜境（摹自《圆明园御制诗》，清乾隆刻本）

4. 对材料、形状和历史上的功能作用要留有一定的痕迹，在材料使用方面必须力求原材质进行更换，对替换下来的材料应大料改小料，废料千方百计要利用或保存，使人们感受到历史的延续性。

5. 对历史园林的修缮，应保持原受力形式不变，钢、铁、铜等金属材料是我国古建筑的传统材料，可以采用铁箍、铁拉杆、铁杆垫等进行加固，其最大优点是不改变原来材料的本质，应该优先使用。

6. 不同朝代、不同地区的园林与古建筑，都有各自不同的风格与手法，不能盲目种植、盲目拆修，要尊重当地的传统性和时代特色。

7. 历史园林环境的整治、修缮、加固，主要针对后人修缮，改变了原有传统做法，重修时要尽可能予以纠正，以使其符合原则。

8. 由于历史园林是以建筑物为主体，植物为衬托，应依据历史记载进行补种修整，以保持树木花草古建筑原创的景观特征，绝不能本末倒置，掩盖了古建筑，必要时应进行调整，保持其基本风格。

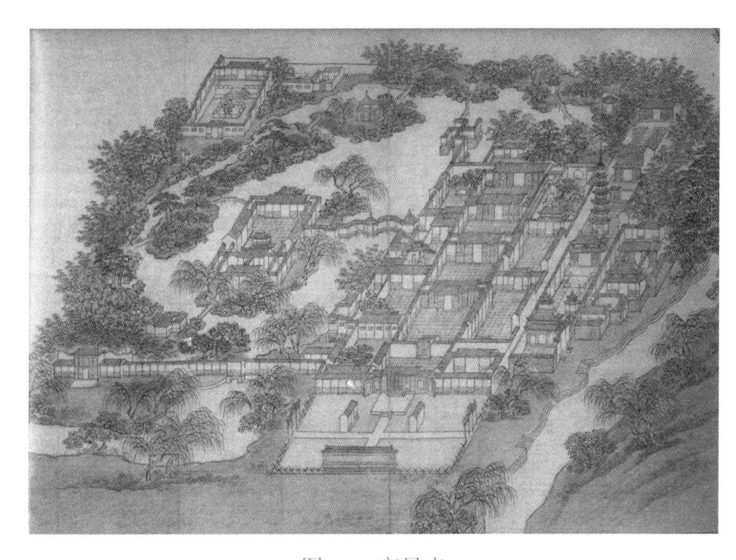

图 11　高旻寺

9. 对濒危恶化生长势弱的古树名木，即“活文物”，应当更加慎重对待，可以采用新技术，采取补救的措施（如补洞、注水、防治病虫等）。

10. 植物是具有生命力的，有死有生，其面貌反映着季节循环，自然变迁，应当定期地进行养护和更换，历史园林中铺人工草坪，修剪整齐的树丛，刺绣式的花坛是违背真实性的，应当加以禁止。

11. 历史园林的保护与修缮需建立操作程序，所有的保护单位必须有测绘资料，大到构架，小到每个花坛，每个细部节点，每一棵树都要有图纸、影像资料和照片，注有文字，修缮和保护过程中对细节维修和变更、替换，也要同步建立图片、文字的全过程资料。

12. 控制自然破坏，对古建筑、古树名木要有避雷装置、防火及预防病虫害的措施，并需检测相关数据。

图 12　榕荫大池假山

（台湾大学土木工程研究所都市计划研究室《板桥林本源园林研究与修复》）

四、几点建议

历史园林保护与修缮是一项实践性很强的技术工作，笔者结合《曲阜宣言》和参加园林建设的实践，从中得到一些启发，提出几点建议以供参考：

1. 理顺保护与使用的管理关系，解决实施中出现的不协调的矛盾。

2. 尽快制定历史园林保护和修缮的操作程序和更新技术规范，以解决可操作性的问题，使之纳入法制的轨道，避免对历史园林保护难以定夺，产生影响。

3. 历史园林的保护与修缮，对专业技术人员、技术工人的培养是当务之急，应当引起高度重视，建议利用技工院校设立地方工匠培训基地。

4. 中国古建筑主要材料是砖、瓦、灰石、木，主管部门应结合地区的实际，在财政方面，对砖、瓦、灰、石、木厂家给予一定的补贴，使材料生产的工艺及材料质量得到有效控制，对木材的储备进行必要的投入，以解决“干料”的问题。

5. 建立历史园林保护的回访制度，按照不同的等级，对维护、维持、养护、修缮明确相应的周期和具体要求。

6. 在历史园林保护的同时，应注意挖掘再使用的因素，使历史园林实现可持续发展，在体现历史价值、艺术价值和科学价值的同时，获得新的增值。

图 13　竹西芳径

（本文原载《古建园林技术》2007 年 01 期）

参考文献

[1] 李斗．扬州画舫录［M］．扬州：江苏广陵古籍刻印社，1984.

[2] 计成．陈植，注释．园冶注释［M］．2 版．北京：中国建筑工业出版社，1988.

[3] 沈括．梦溪笔谈 [M]. 南京：江苏古籍出版社，1999.

[4] 文震亨，海军，田君．长物志图说 [M]. 济南：山东画报出版社，2004.

[5] 钱泳．履园丛话 [M]. 北京：中华书局，1979.

[6] 沈复．浮生六记 [M]. 北京：人民文学出版社，1999.

[7] 汪应庚．平山揽胜志 [M]. 扬州：广陵书社，2004.

[8] 闻人军．考工记 [M]. 北京：中国国际广播出版社，2011.

[9] 宋应星．天工开物 [M]. 沈阳：万卷出版公司，2008.

[10] 陈植．陈植造园文集［M］．北京：中国建筑工业出版社，1988.

[11] 李世葵．《园冶》园林美学研究［M］．北京：人民出版社，2010.

[12] 朱江．扬州园林品赏录［M］．上海：上海文化出版社，1983.

[13] 陈从周．园韵［M］．上海：上海文化出版社，1999.

[14] 陈从周．扬州园林［M］．上海：同济大学出版社，2007.

[15] 许少飞．扬州园林［M］．苏州：苏州大学出版社，2001.

[16] 童寯．江南园林志［M］．北京：中国建筑工业出版社，1984.

[17] 许少飞．扬州园林史话［M］．扬州：广陵书社，2004.

[18] 梁宝富．扬州民居营建技术［M］．北京：中国建筑工业出版社，2015.

[19] 计成 . 园冶 [M] . 刘乾先，注译 . 长春：吉林文史出版社，1998.

[20] 吴肇钊 . 夺天工：中国园林理论、艺术、营造文集 [M] . 北京：中国建筑工业出版社，1992.

[21] 广陵书社 . 乾隆南巡江苏名胜图集 [M] . 南京：江苏古籍出版社，2002.

[22] 赵之壁 . 平山堂图志 [M] . 扬州：广陵书社，2004.

[23] 卢桂平 . 扬州胜景图集 [M] . 扬州：广陵书社，2015.

[24] 顾风 . 扬州园林甲天下：扬州博物馆馆藏画本集粹 [M] . 扬州：广陵书社，2003.

[25] 彭镇华 . 扬州园林古迹综录 [M] . 扬州：广陵书社，2016.

[26] 罗哲文 . 罗哲文建筑文集 [C] . 北京：外文出版社，1999.

[27] 马炳坚 . 谈谈文物古建筑的保护修缮 [J] . 建筑史，2003 年第 1 辑 .

[28] 潘谷西 . 江南理景艺术 [M] . 南京 : 东南大学出版社，2001.

[29] 梁宝富 . 借古开今　匠心独运：中国园林古建筑理论与实践文集 [M] . 北京 : 中国建材工业出版社，2014.

[30] 周维权 . 中国古典园林史 [M] 2 版 . 北京：清华大学出版社，1999.

[31] 梁宝富 . 扬州大明寺大雄宝殿修缮实录 [M] . 北京 : 中国建材工业出版社，2014.

[32] 陆琦，梁宝富 . 园林读本 [M] . 北京：中国建材工业出版社，2016.

[33] 韦明铧 . 风雨豪门：扬州盐商大宅院 [M] . 扬州：广陵书社，2003.

[34] 杨鸿勋 . 江南园林论 [M]. 北京：中国建筑工业出版社，2011.

[35] 汪菊渊 . 中国古代园林史 [M]. 北京：中国建筑工业出版社，2004.

[36] 姚承祖，张志刚 . 营造法原 [M]. 北京：中国建筑工业出版社，1986.

[37] 杜仙洲 . 中国古建筑修缮技术 [M]. 北京：中国建筑工业出版社，1983.

[38] 刘敦桢 . 中国古代建筑史 [M]. 北京：中国建筑工业出版社，1981.

[39] 孟兆祯，等 . 园林工程 [M]. 北京：中国林业出版社，1996.

[40] 王稼句 . 三百六十行图集 [M]. 苏州：古吴轩出版社，2002.

[41] 梁思成 . 梁思成全集 [M]. 北京：中国建筑工业出版社，2011.

[42] 王其亨 . 风水理论研究 [M]. 天津：天津大学出版社，1992.

后　记

我从事古建园林工作三十余载，一直坚持不断学习，学习的动力源于兴趣与工作的结合，因而也有学而不累之感。

扬州古典园林通过历代匠师的精心营造形成了具有“南秀北雄”的艺术特征，论其艺术成就，陈从周先生认为“扬州园林与住宅在我国建筑史上有其重要的地位，尤其是古代劳动人民在园林建筑方面的成就，可供现代园林建筑借鉴”。清代文人刘大观言“杭州以湖山胜，苏州以市肆胜，扬州以园林胜，三者鼎峙，不可轩轾，询至论也”。这是对清代当时江南景象的描述,还有“园林多是宅”“绿杨城郭是扬州”“两岸花柳全依水，一路楼台直到山”“扬州园林之胜，甲于天下”等，都是对扬州历代园林盛况的赞誉，诸多史料证明，扬州园林艺术在中国园林史上有较高的历史地位。

丛论共收集了本人近20年来的16篇稿件，都是在学术会议上的交流，大多数也在各类学刊上正式发表，这次汇集在一起时也发现不少问题，如不少图片重复以及文字上的错误，从而对文案的格式及文字描述上进行微调，但仍保持原有的观点。

本着对扬州古典园林的热爱和尊敬，希望能梳理出扬州园林营造的路径，为今后扬州园林的传承与创新做一点有益的工作，为更多喜爱和珍惜中国传统园林的人士提供一个交流和讨论的平台，深层次了解中国园林的文化意境。

本书在编写的过程中得到了扬州意匠轩园林古建筑营造股份有限公司、扬州历史文化名城研究院的直接关心和鼎力支持，感谢中国工程院院士、北京林业大学教授孟兆祯先生为本书题词作为书序，感谢国务院参事刘秀晨先生为本书作序，感谢扬州市委原常委、宣传部长

赵昌智先生为本书作序，感谢中国建材工业出版社佟令玫、孙炎二位同志给予的具体指导和支持，感谢扬州意匠轩园林古建筑设计研究院的武玲、王珍珍、韩婷婷、刘海霞等同志提供的具体帮助，在此向大家致以诚挚的谢意。

本书以匠术的观点来总结扬州园林的营造技艺，当做抛砖引玉吧，不足之处敬请方家与同行斧正。

梁宝富

阮家祠堂

扬州意匠轩园林古建筑设计研究院提供

普哈丁园

扬州意匠轩园林古建筑设计研究院提供

文峰寺

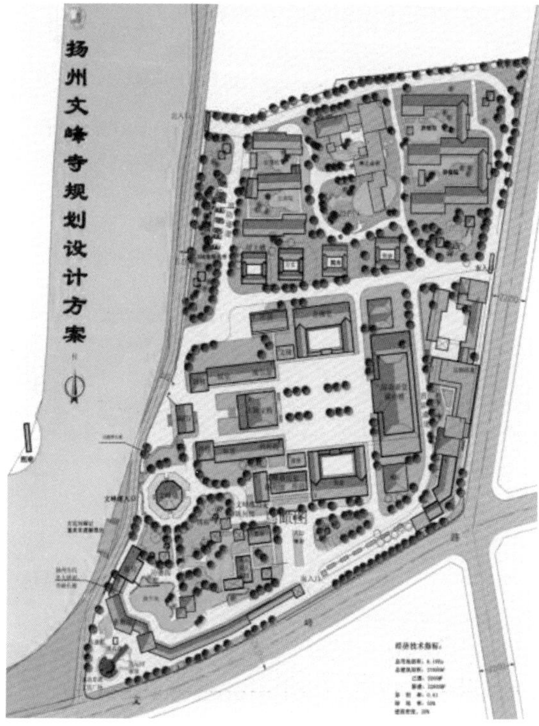

扬州意匠轩园林古建筑设计研究院提供

万福风光

扬州意匠轩园林古建筑设计研究院提供

扬州城河风光

扬州意匠轩园林古建筑设计研究院提供

大运河遗产

扬州意匠轩园林古建筑设计研究院提供

天宁寺

扬州意匠轩园林古建筑营造股份有限公司提供

高旻寺

扬州意匠轩园林古建筑营造股份有限公司

项目经理郑德鸿提供